U0287713

“十三五”国家重点出版物出版规划项目

国家公园与自然保护地研究书系

内蒙古自治区国家公园与自然保护地体系战略研究

杨　锐　庄优波　赵智聪　等著

中国建筑工业出版社

审图号蒙 S（2020）034 号
图书在版编目（CIP）数据

内蒙古自治区国家公园与自然保护地体系战略研究/杨锐等著．—北京：中国建筑工业出版社，2019.12
（国家公园与自然保护地研究书系）
ISBN 978-7-112-24513-0

Ⅰ.①内… Ⅱ.①杨… Ⅲ.①国家公园－建设－研究－内蒙古 ②自然保护区－建设－研究－内蒙古 Ⅳ.①S759.992.26

中国版本图书馆CIP数据核字（2019）第283519号

责任编辑：咸大庆　刘爱灵　杜　洁
责任校对：芦欣甜

国家公园与自然保护地研究书系
内蒙古自治区国家公园与自然保护地体系战略研究
杨　锐　庄优波　赵智聪　等著
*
中国建筑工业出版社出版、发行（北京海淀三里河路9号）
各地新华书店、建筑书店经销
北京建筑工业印刷厂制版
北京富诚彩色印刷有限公司印刷
*
开本：880×1230毫米　1/16　印张：9　字数：174千字
2019年12月第一版　2019年12月第一次印刷
定价：**65.00**元
ISBN 978-7-112-24513-0
(35180)

前 言

党的十八大已明确提出把生态文明建设纳入中国特色社会主义事业五位一体总体布局，明确提出大力推进生态文明建设，努力建设美丽中国，实现中华民族有序发展。党的十九大进一步明确加快生态文明体制改革，建设美丽中国，并明确了建立以国家公园为主体的自然保护地体系的任务。为探索我国建立以国家公园为主体的自然保护地体系的科学方法，在长期面临人地关系紧张局面的情况下，如何在省域层面形成全域保护和利用统筹的发展路径，是为本书所要探讨的内容。

2018 年 3 月，内蒙古自治区发展和改革委员会委托清华大学国家公园研究院、清华大学建筑学院景观学系承担了《内蒙古自治区自然保护地体系战略研究暨呼伦贝尔国家公园战略规划》项目。

本项目由清华大学国家公园研究院院长、清华大学建筑学院景观学系主任杨锐教授领衔负责，参与成员包括国家公园研究院副院长庄优波，国家公园研究院院长助理赵智聪，博士后钟乐，博士研究生马之野、黄澄、张引、彭钦一、侯姝彧、何茜，硕士研究生叶晶、丛容、徐锋、吕抒衡，本科生王沛等。项目组收集、查阅、整理了大量有关国家公园与自然保护地体系有关的中英文文献，全面了解了美国、新西兰、德国、澳大利亚、加拿大、南非等国家在该领域内的研究与实践。项目组组织了 44 人次累计长达 29 天的内蒙古自治区全域调研，足迹遍及 12 个盟市，调研了 46 处不同类型的自然保护地，组织 11 次盟市级、1 次自治区级座谈和 3 次专家访谈，并对 179 处自然保护地的管理人员进行了有效的问卷调查。最终形成了宏观层面的内蒙古自治区自然保护地体系战略研究文本和中观层面的呼伦贝尔国家公园战略规划方案。本书就是基于《内蒙古自治区自然保护地体系战略研究暨呼伦贝尔国家公园战略规划》成果整理而成。

本书的主要内容包括 5 个方面。第一，研究的背景和对内蒙古自治区的生态定位。从国家生态文明制度建设、国家公园与自然保护地体系体制建设、内蒙古自治区生态文明建设 3 方面阐述了本次研究的背景。提出了对内蒙古自治区的 3 个生态定位，即：中国北方生态安全屏障、京津冀生态保护伞、中国生态文明试验区、中国省域层面“以国家公园为主体的自然保护地体系”示范区。

第二，内蒙古自治区自然保护地现状。其一，对内蒙古自治区 7 类 350 处自然保护地进行了详细的统计分析。其二，将自治区的自然保护地设立情况与俄罗斯、蒙古国进行了比较分析，并简述了自治区世界级自然保护地的情况。其三，比较分析了自然保护区、森林公园、地质公园、湿地公园、风景名胜区、水利风景区、沙漠公园在自治区各盟市间的分布情况，并比较分析了上述各类自然保护地在重点生态服务功能、生态“两屏三山”、生态系统类型和生物多样性保护区等不同生态建设区划背景下的分布情况。

第三，内蒙古自治区自然保护地存在问题。主要问题表现为全域保护利用统筹不均衡、自然保护地体系构建不系统、保护管理技术方法不科学、保护管理体制保障不到位 4 个方面。其一，全域保护利用统筹不均衡主要体现在水资源利用，一产、二产、三产，城镇建设发展，基础设施建设和国家战略空间落位与生态保护存在冲突、矛盾。其二，保护对象不全面、保护面积不充分和空间布局不均衡是自然保护地体系构建不系统的突出表现。其三，保护管理技术方法不科学主要表现为边界划定不合理、功能分区不适宜、保护措施不科学和资源利用水平低。其四，保护管理体制保障不到位集中反映为保护地事权划分不清晰、管理机构设置不规范、资金投入和支出结构不合理、管理人员配备不充足和生态补偿机制不健全。

第四，统筹内蒙古自治区生态保护和绿色发展的战略与行动计划。其一，从法律体系、管理体制、资金机制、社区协调机制、土地机制、技术保障机制等方面提出了 12 条总计 96 字的战略举措，并提出了包含明确的自然保护地类型、数量和面积等信息的以国家公园为主体的自然保护地体系的建构方案。其二，针对上述战略举措，共提出了 25 条行动计划的实施路径。

第五，呼伦贝尔国家公园规划。其一，从地质地貌、水系、生态系统、植物物种、动物物种和文化景观 6 方面识别了呼伦贝尔的特征和价值。其二，分析了呼伦贝尔市 6 类 74 处自然保护地的现状特征，包含对自然保护地类型、数量、规模、空间分布和管理体制的分析。其三，分析了呼伦贝尔市自然保护地现状存在的科学保护不力、传统牧业受阻、管理体制不顺 3 方面的问题。其四，进行了呼伦贝尔国家公园的战略规划，通过多解规划的思路提出了 2 个可供比较和选择的方案，分别完成了国家公园的边界确定、功能分区，从立法、机制、技术、资金和人力资源等方面提出了国家公园建设的具体行动计划，并进行了社区公共、保护、访客体验和体制机制的国家公园专项战略规划。

该项目的研究成果已在内蒙古自治区国家公园和自然保护地体系的建设中发挥着重要的作用，取得了良好的社会效益、生态效益。该项目的研究成果多次在国家林业和草原局、内蒙古自治区人民政府展示、交流，在该项目成果的基础上，杨锐教授团队参与了内蒙古自治区“十四五”重大战略的咨询。

感谢内蒙古自治区发展和改革委员会对本次研究的鼎力支持与帮助，副主任刘丽娟，发展规划处处长张鹏、副处长白中海、赵娜，社会发展处徐大海等亲自陪同课题组展开了大规模、长时间的田野调查，帮助项目组搜集整理了大量一手资料，多次组织座谈、听取汇报、参加研讨、论证成果，从沙漠到草原、从湖泊到森林、从荒野到城市，自治区 118 万 km^2 土地上留下了大家的汗水和辛劳，没有他们，本次研究无法如此成功。感谢自治区副主席李秉荣，国家林业和草原局总经济师杨超、自然保护地管理司副司长严旬、处长安丽丹，亲自听取了本次研究成果的汇报，并提出了许多宝贵的意见。感谢内蒙古自治区林业和草原局党委书记、局长牧远，副巡视员东淑华，自然保护地管理处处长张宏，在自然保护地管理事权划归林草局后，他们的亲力亲为让本次研究更进一步。感谢自治区党委办公厅，自治区人大、自治区政协、自治区财政厅、自然资源厅、生态环境厅、住房和城乡建设厅、农牧厅、林业和草原局等各厅局的相关同志，数次参加在呼和浩特组织的座谈，毫无保留地提出建议。感谢自治区各盟市、旗县的发展与改革系统的同志，他们为研究团队的调研、收集资料和意见建议付出了大量辛苦工作，大家的齐心协力才促成了本次研究的圆满完成。感谢调研中所有参加座谈、访谈的政府工作人员、保护地管理者、科技工作者和牧民等一切利益相关群体，每一个人的真知灼见都使我们的研究更加饱满。限于时间和作者水平，有不当之处请读者批评指正。

目　录

第1章

宏观背景与内蒙古自治区定位研究

从国家生态制度建设、国家公园与自然保护地体系建设和内蒙古自治区生态文明建设3方面介绍研究背景，提出本次研究对内蒙古自治区的3大定位，分别是“中国北方生态安全屏障，京津冀生态保护伞”“中国生态文明试验区”“中国省域层面‘以国家公园为主体的自然保护地体系’建设试点省”。

1.1　背景

2012 年 11 月，党的十八大首次将生态文明建设纳入中国特色社会主义事业“五位一体”总体布局；十八届三中、四中全会将生态文明建设提升到制度层面；十九大报告将建设生态文明提升至“千年大计”的高度；2018 年 3 月 11 日“生态文明建设”首次写入宪法；2018 年 3 月 17 日，自然资源部、生态环境部成立。十八大以来，在生态文明建设领域制定修订的法律达十几部之多，中央全面深化改革领导小组审议通过了 40 余项生态文明和环境保护方面的具体改革方案。

2013 年 11 月 12 日，十八届中央委员会第三次全体会议通过《中共中央关于全面深化改革若干重大问题的决定》，首提国家公园体制建设。2015 年《建立国家公园体制试点方案》发布，同年 6 月，国家公园体制试点工作启动。截至 2018 年 6 月，已设立 10 个国家公园体制试点区，涉及 12 个省区市。2017 年 9 月，《建立国家公园体制总体方案》印发；10 月，十九大报告明确提出“建立以国家公园为主体的自然保护地体系”。2018 年，国家林业和草原局组建并加挂国家公园管理局牌子。我国国家公园体制试点已在管理体制机制设计、生态保护制度、技术标准建立、政策支持保障、法制体系建设等多个方面进行了有益探索，取得了阶段性成效。

“十二五”期间，内蒙古自治区加快推进生态文明制度建设，在全国率先制定《党委、政府及有关部门环境保护工作职责》，研究出台和制定了《党政领导干部生态环境损害责任追究办法实施细则》《领导干部自然资源资产离任审计试点实施方案》《内蒙古探索编制自然资源负债表的总体方案》等文件；生态保护建设工作取得了显著成效，森林覆盖率和草原植被盖度“双提高”，荒漠化和沙化土地“双减少”，优化调整各级自然保护区；环境法制建设水平有效提升。

1.1.1　国家生态文明制度建设背景[1–8]

“生态兴则文明兴，生态衰则文明衰”“绿水青山就是金山银山”“山水林田湖草是一个生命共同体”既是习近平总书记关于生态文明的著名论断，更是对于中国当下生态文明重要地位的精辟诠释。走基于东方智慧的生态文明之路，是以习近平同志为核心的党中央带领中国人民为克服生态危机而进行的新的伟大实践。

2012 年 11 月，党的十八大首次将生态文明建设纳入中国特色社会

1　习近平在中国共产党第十九次全国代表大会上的报告（全文），http://www.guancha.cn/politics/2017_10_27_432557_s.shtml.

2　环保部：十八大以来生态文明建设取得 5 个“前所未有”，http://www.ce.cn/cysc/stwm/gd/201710/23/t20171023_26634081.shtml.

3　推进美丽中国建设——党的十八大以来生态文明建设成就综述，http://www.xinhuanet.com/2017-08/12/c_1121473465.htm.

4　生态兴则文明兴——十八大以来以习近平同志为核心的党中央推动生态文明建设述评，http://cpc.people.com.cn/n1/2017/0616/c412690-29344145.html.

5　努力开创人与自然和谐发展新格局——党的十八大以来生态文明建设述评，http://www.wenming.cn/djw/djw2016sy/djw2016syyw/201710/t20171005_4444387.shtml.

6　十九大报告关于生态文明建设的三个创新，http://theory.people.com.cn/n1/2017/1206/c40531-29688522.html.

7　生态文明在十九大报告中被提升为千年大计，http://jjckb.xinhuanet.com/2017-10/23/c_136698924.html.

8　国家公园体制改革试点取得阶段性成效，https://mp.weixin.qq.com/s/HfzkhF5X4ulzthqFymefFw.

主义事业“五位一体”总体布局，美丽中国成为中华民族追求的新目标；十八大将生态文明建设纳入《中国共产党章程（修正案）》，中国共产党成为全球首个将生态文明建设纳入执政党行动纲领的政党；十八届三中、四中全会先后提出“建立系统完整的生态文明制度体系”“用严格的法律制度保护生态环境”的目标，将生态文明建设提升到制度层面；十八届五中全会提出“创新、协调、绿色、开放、共享”的新发展理念，生态文明建设的重要性愈加凸显。十九大报告将建设生态文明提升为“千年大计”，将“美丽”纳入国家现代化目标之中，将提供更多“优质生态产品”纳入民生范畴，提出要牢固树立“社会主义生态文明观”，提出要构建多种体系并统筹“山水林田湖草”系统治理，提出明确生态“控制线”和制度规范，提出采取各种切实推进生态文明建设的“行动”，提出设立“国有自然资源资产管理和自然生态监管机构”。2018 年 3 月 11 日，十三届全国人大一次会议第三次全体会议通过了《中华人民共和国宪法修正案》，“生态文明建设”首次写入宪法，在宪法修正案的 21 条中，共有 5 条涉及建设生态文明和美丽中国。2018 年 3 月 17 日，十三届全国人大第一次会议通过国务院机构改革方案，自然资源部、生态环境部成立，“国有自然资源资产管理和自然生态监管机构”设立完成。

十八大以来，生态环保改革制度不断完善，生态文明体制建设的顶层设计初现端倪，在生态文明建设领域制定修订的法律达十几部之多，中央全面深化改革领导小组审议通过了 40 余项生态文明和环境保护具体改革方案。《关于加快推进生态文明建设的意见》《生态文明体制改革总体方案》《环境保护督察方案（试行）》《关于划定并严守生态保护红线的若干意见》相继颁行；《大气污染防治行动计划》《水污染防治行动计划》《土壤污染防治行动计划》陆续出台；被称作“史上最严”的新环境保护法实施，此外还有大气污染防治法、水污染防治法、野生动物保护法、环境影响评价法、环境保护税法、环境影响评价法、环境保护税法等；《“十三五”生态环境保护规划》《控制污染物排放许可制实施方案》等接连发布；全国人大常委会首次审议环保目标完成情况报告，“河长制”全面推广，《生态文明建设目标评价考核办法》印发。

十八大以来，围绕生态环保展开的执法督察越来越严格。“两高”司法解释降低环境入罪门槛，最高人民法院成立环境资源审判庭；中央环保督察启动，省以下环保机构监测监察执法垂直管理制度改革开始试点；建成由 352 个监控中心、10257 个国家重点监控企业组成的污染源监控体系，强化在线实时监控效果。2016 年，全国各级环保部门下达行政处罚决定 12.4 万余份，罚款 66.3 亿元。2017 年环保督察共受理群众信访举报 13.5 万余件，累计立案处罚 2.9 万家，罚款约 14.3 亿元；

立案侦查 1518 件，拘留 1527 人；约谈党政领导干部 18448 人，问责 18199 人。2016 年、2017 年、2018 年，中央环保督察连续进行，成绩斐然。

十八大以来，中国不仅在自身的生态文明建设上取得了重大成绩，也积极参与全球环境治理。目前，中国已批准加入 30 多项与生态环境有关的多边公约或议定书。中国是达成《巴黎协定》的重要推动力量和坚定的履约国，在《蒙特利尔议定书》缔约方大会上发挥了建设性引领作用，推动全球通过《基加利修正案》，并批准了《名古屋议定书》，助力生物多样性的保护。同时，中国已引导应对气候变化国际合作，成为全球生态文明建设的重要参与者、贡献者和引领者。中国在生态文明建设上付出的努力和取得的成就得到国际社会的广泛赞誉，2013 年 2 月，联合国环境规划署将来自中国的生态文明理念正式写入决议案；2016 年 5 月，联合国环境规划署发布《绿水青山就是金山银山：中国生态文明战略与行动》报告。中国的生态文明建设，被认为是对可持续发展理念的有益探索和具体实践，为其他国家应对类似的经济、环境和社会挑战提供了经验借鉴。

1.1.2　国家公园与自然保护地体系体制建设背景

自 1872 年全球首个国家公园——黄石国家公园被美国国会立法设立起，已有 100 多个国家建立了国家公园。国家公园作为统筹协调生态环境保护与资源利用的管理模式，已经被国际社会和国内各界所广泛认可。

2013 年 11 月 12 日，中国共产党第十八届中央委员会第三次全体会议通过《中共中央关于全面深化改革若干重大问题的决定》提出“坚定不移实施主体功能区制度，建立国土空间开发保护制度，严格按照主体功能区定位推动发展，建立国家公园体制”，这是国家公园体制建设在我国被首次提出。

2015 年，国家发展和改革委会同中央机构编制委员会办公室、财政部、国土资源部、环境保护部、住房和城乡建设部、水利部、农业部、国家林业局、国家旅游局、国家文物局、国家海洋局、国务院法制办公室等部门和单位，发布《建立国家公园体制试点方案》。方案提出“以保障国家生态安全为目的，以实现重要自然生态资源国家所有、全民共享、世代传承为目标，坚持问题导向，积极探索国家公园保护、建设、管理的有效模式，为建立统一规范的中国特色国家公园体制提供经验”。此外，发改委办公厅还印发了《发改委国家公园体制试点区试点实施方案大纲》和《发改委建立国家公园体制试点 2015 年工作要点》。根据《建立国家公园体制试点方案》，2015 年 6 月，国家公园体制试点工作启动，拉开了我国国家公园实践探索的序幕。

2015 年 9 月，中共中央、国务院印发了《生态文明体制改革总体方案》，提出“建立国家公园体制。加强对重要生态系统的保护和永续利用，改革各部门分头设置自然保护区、风景名胜区、文化自然遗产、地质公园、森林公园等的体制，对上述保护地进行功能重组，合理界定国家公园范围……加强对国家公园试点的指导，在试点基础上研究制定建立国家公园体制总体方案”“完善法律法规。制定完善自然资源资产产权、国土空间开发保护、国家公园、空间规划等方面的法律法规，为生态文明体制改革提供法治保障”等要求。2016 年，《国民经济和社会发展第十三个五年规划纲要（2016-2020 年）》中提出“建立国家公园体制，整合设立一批国家公园。”

2017 年 9 月，中共中央办公厅、国务院办公厅印发《建立国家公园体制总体方案》，明确了中国国家公园定义，提出了国家公园体制建设指导思想、基本原则、主要目标，科学界定了国家公园内涵，对国家公园管理体制、资金保障制度、自然生态系统保护制度、社区协调发展制度和实施保障作出了具体要求，掀开了我国国家公园实践探索的新篇章。2017 年 11 月，《中共中央、国务院关于加快推进生态文明建设的意见》再次明确“建立国家公园体制，实行分级、统一管理，保护自然生态和自然文化遗产原真性、完整性”的目标。2017 年 10 月，党的十九大报告明确提出“建立以国家公园为主体的自然保护地体系”，国家公园体制建设和自然保护地体系建立成为我国生态文明建设的重要举措。2018 年，中共中央印发的《深化党和国家机构改革方案》，将分散在多个部门的自然保护地管理职责整合，组建国家林业和草原局，加挂国家公园管理局牌子，全面履行国家公园及各类自然保护地的管理与监督职责，国家公园与自然保护地体系的建立迈出了崭新而坚实的一步。

在顶层设计的大力推动下，我国国家公园体制试点已在管理体制机制设计、规划方案制定、生态保护制度、资源监测评价、技术标准建立、政策支持保障、法制体系建设、人员队伍培训和生态文化普及等多个方面进行了有益探索，取得了阶段性成效。

1.1.3 内蒙古生态文明建设背景

“十二五”规划实施以来，内蒙古自治区认真贯彻党中央和国务院关于生态文明建设和环境保护的决策部署，深入贯彻习近平总书记系列重要讲话和考察内蒙古重要指示精神，坚持把加强生态环境保护、筑牢我国北方重要生态安全屏障作为重大政治责任和战略任务，在生态文明建设方面取得了显著成效。

生态文明制度建设加快推进。自治区党委、政府印发了《关于加快推进生态文明建设的实施意见》《关于加快生态文明制度建设和改革的意见及分工方案》。在全国率先制定《党委、政府及有关部门环境保护工作职责》，研究出台了《党政领导干部生态环境损害责任追究办法实施细则》《领导干部自然资源资产离任审计试点实施方案》，制定了《内蒙古探索编制自然资源负债表的总体方案》《大兴安岭重点国有林区改革总体方案》等文件。

生态保护建设工作成效显著。自治区深入实施五大生态（京津风沙源治理、“三北”防护林建设、天然林保护、退耕还林还草、水土保持工程）和六大区域性绿化（公路、城镇、村屯、矿区园区、黄河两岸、大青山前坡)等重点生态工程,实现森林覆盖率和草原植被盖度“双提高”、荒漠化和沙化土地“双减少”，完成全区生态环境十年变化（2000-2010年）调查评估，优化调整各级自然保护区，并积极推进生态旗县、乡镇、村创建工作。

环境法制建设水平有效提升。内蒙古自治区起草了《内蒙古自治区大气污染防治条例》和《内蒙古自治区饮用水水源保护条例》，制定发布了《内蒙古自治区人民政府关于贯彻落实大气污染防治计划的意见》《内蒙古自治区人民政府关于水污染防治计划的实施意见》《内蒙古自治区人民政府关于贯彻落实土壤污染防治行动计划的实施意见》《关于全区建立完善环保与公安环境执法联动协作机制的意见》《内蒙古自治区环境保护厅关于印发主要行政处罚自由裁量标准（试行）的公告》《内蒙古自治区大气污染防治专项资金绩效考核办法（试行）》和大气、重金属污染防治及农村环保专项资金管理项目实施细则等一系列重大政策文件。

1.2 定位

1.2.1 中国北方生态安全屏障，京津冀生态保护伞

内蒙古自治区是我国北方面积最大、类型最全的生态功能区，是“三北”地区重要的生态防线，是中国北方生态安全屏障；内蒙古自治区是京津冀的生态保护伞，是“京津冀协同发展”重大国家战略实施的生态保障，是守卫“千年大计”雄安新区的生态长城。

内蒙古自治区应统筹“山、水、林、田、湖、草、沙”与“城、乡、路、矿、牧、渔、人”，实现全域范围对保护和利用的统筹，为国家京津冀协同发展重大战略大幅度增添生态文明亮丽绿色，为首都地区和雄安新区千年大计撑起生态保护伞，并以此为契机主动融入京津冀一体化发展，为内蒙古自治区可持续发展寻找更广阔的空间。

内蒙古自治区地处我国北部边疆，横跨东北、华北、西北，是我国北方面积最大、种类最全的生态功能区，是“三北”地区重要的生态防线[1]。全区草原总面积占全国草原面积的22.0%，居我国五大草原之首；森林资源总量位居全国前列，森林覆盖率已达20.0%；湿地面积占全国湿地面积的11.5%，列全国第三位。但同时，自治区大部分处于干旱、半干旱区域，生态环境十分脆弱，土地荒漠化和水土流失问题十分严重，全区荒漠化土地占自治区土地面积的52.2%，占全国荒漠化土地面积的23.5%；沙化土地占自治区土地总面积的35.1%，占全国沙化土地面积的24.0%；有明显沙化趋势的土地占自治区土地总面积的15.0%，约占全国的57.2%。沙化土地遍布全区12个盟市90个旗县[2]。显然内蒙古的生态状况如何，不仅关系内蒙古各族群众生存和发展，也关系华北、东北、西北乃至全国的生态安全。2014年，习近平总书记首次提出把京津冀协同发展作为国家战略。相关研究认为，京津冀地区面临着“区域生态退化，环境污染严重；产业转型升级滞后，重工业倾向严重；贫富差距扩大，社会矛盾日趋激化”三大挑战[3]。生态—经济合作机制是京津冀协同发展的重点内容，“生态搭台、经济唱戏”是京津冀协同发展的必然要求[4]，“生态环境保护持续改善”也被列为京津冀协同发展率先突破的三大领域之一。同时，京津冀是首都生态圈的主要部分，京津冀以及周边区域的生态合作对保障首都生态圈安全，尤其是保障空气质量，具有重要意义[5]。

综上所述，内蒙古自治区是中国北方生态安全屏障；是京津冀的生态保护伞，是“京津冀协同发展”重大国家战略实施的生态保障，是守卫“千年大计”雄安新区的生态长城。

作为我国北疆重要的生态安全屏障和京津冀生态保护伞，自治区的首要任务是保障京津冀特别是首都地区和雄安新区的生态安全。本书的战略研究立足自治区生态系统从东北到西南呈弧形分布的特点，统筹“山、水、林、田、湖、草、沙”与“城、乡、路、矿、牧、渔、人”，形成以东西两翼国家公园为主体、中间沿边防线生态走廊为纽带的生态建设整体格局，一方面为国家京津冀发展战略大幅度增添生态文明亮丽绿色，为首都地区和雄安新区提供生态保护伞，并以此为契机将“呼包鄂城市群”主动融入“京津冀一体化”发展，为内蒙古可持续发展寻找

1 内蒙古“两个屏障”建设成果丰硕。

2 高鸿雁，屈慧媛．加强生态文明建设筑牢祖国北疆生态安全屏障［J］．北方经济，2013（17）：29-30.

3 顾朝林，郭婧，运迎霞，鲍龙，张兆欣，侯春蕾，郑毅，李明玉，牛品一，张朝霞，李洪澄．京津冀城镇空间布局研究［J］．城市与区域规划研究，2015，7（01）：88-131.

4 胡鞍钢，沈若萌，刘珉．建设生态共同体，京津冀协同发展［J］．林业经济，2015，37（08）：3-6＋34.

5 闵庆文，刘伟玮，谢高地，孙雪萍，李娜．首都生态圈及其自然生态状况［J］．资源科学，2015，37（08）：1504-1512.

更广阔的空间。另一方面，实现在内蒙古全域范围统筹生态环境保护，在对自然保护地体系实行整体性保护的同时，也为经济和社会发展腾挪出必要的空间，真正实现面上保护和点上开发。

1.2.2　中国生态文明试验区

内蒙古自治区面积占国土总面积八分之一，拥有森林、草原、荒漠、湿地等多种生态系统类型，在生态系统服务和功能方面具有举足轻重的战略地位，也存在诸多保护与发展的矛盾冲突。因此，在生态文明体制建设上既有先天优势，也面临独特挑战。

内蒙古自治区应成为中国生态文明试验区，在探索生态立区，全域统筹保护发展理念和模式，重构自然保护地体系和制度，建立生态保护市场机制和跨区域生态赋税机制，构建生态文明法制保障等方面先行先试，肩负起构筑北疆生态安全屏障的重任，不辱内蒙古自治区新时代改革创新的历史使命，闯出生态文明建设的内蒙古自治区路径。

2014 年 1 月习近平总书记在内蒙古自治区考察时提出“把内蒙古建成祖国北疆安全稳定屏障”的重大战略目标，特别嘱咐要守好家门，守好祖国边疆，守好少数民族精神家园。

内蒙古自治区面积占国土总面积八分之一，内与 8 省区毗邻，外与俄罗斯和蒙古接壤，边境管理区达 36 万 km^2，位列全国第一；边境线长达 4221km，居全国第二；是祖国“北大门”和首都“护城河”，在维护我国北疆安全上肩负着重大政治责任。

内蒙古自治区是我国最早建立的民族区域自治区，也是我国主要的少数民族聚居区之一，全境居住着 55 个少数民族，是以蒙古族为主体民族，汉族占多数人口的民族区域自治区，其中包括鄂伦春、鄂温克和达斡尔三个少数民族自治旗，在维护祖国民族团结上有重大政治责任[1]。

党的十八届五中全会提出，设立统一规范的国家生态文明试验区，重在开展生态文明体制改革综合试验，规范各类试点示范，为完善生态文明制度体系探索路径、积累经验。2016 年，中共中央办公厅、国务院办公厅印发《关于设立统一规范的国家生态文明试验区的意见》，福建、江西和贵州被纳入首批国家生态文明试验区。国家生态文明试验区以体制创新、制度供给和模式探索为重点，是国家有关生态文明建设先行先试的最高平台，《关于设立统一规范的国家生态文明试验区的意见》指出：“未经党中央、国务院批准，各部门不再自行设立、批复冠以‘生态文明’字样的各类试点、示范、工程、基地等；已自行开展的各类生态文明试点示范到期一律结束，不再延期，最迟不晚于 2020 年结束”，

1　内蒙古区情网 . http://www.nmqq.gov.cn/quqing/ShowArticle.asp?ArticleID = 8617.

“今后根据改革举措落实情况和试验任务需要，适时选择不同类型、具有代表性的地区开展试验区建设”。

综合而言，内蒙古自治区既在生态系统服务和功能方面具有举足轻重的战略地位，也存在诸多保护与发展的矛盾冲突。因此，在生态文明体制建设上既有先天优势，也面临独特挑战，天然符合《关于设立统一规范的国家生态文明试验区的意见》的要求，是与福建、江西、贵州完全不同类型的、又具备典型代表性的、适合建设国家生态文明试验区的地区。内蒙古自治区应成为中国生态文明试验区，在探索生态立区、全域统筹保护发展理念和模式，重构自然保护地体系和制度，建立国家公园体制，建立生态保护市场机制和跨区域生态赋税机制，构建生态文明法制保障等方面先行先试，肩负起构筑北疆生态安全屏障的重任，不辱自治区新时代改革创新的历史使命，闯出生态文明建设的内蒙古路径。

1.2.3 中国省域层面“以国家公园为主体的自然保护地体系示范区”

以国家公园为主体的自然保护地体系建设，既是国家生态文明战略的落地之举，也是内蒙古自治区生态文明建设先行先试的有力抓手。内蒙古自治区应成为我国省域层面开展建立以国家公园为主体的自然保护地体系的示范区，对全区各类自然资源和自然保护地摸清家底、全面评价、透彻分析，构建多面向、多层次和多类型的自然保护地体系，建立“以国家公园为主体的自然保护地体系”法律框架，分别制定不同类型自然保护地管理政策，科学划定国家公园边界，并切实保障国家公园原真性和完整性。将内蒙古自治区建设成为生态文明新时代中国自然保护地的杰出代表和保护管理典范。

第 2 章

内蒙古自治区自然保护地现状研究

从类型和级别两方面对内蒙古自治区自然保护地的建设现状进行了统计分析，并在世界范围、全国范围和内蒙古自治区范围共 3 个层次分别进行了自然保护地建设的横向比较分析。

在“重点生态功能服务”“生态两屏三山”“生态系统类型”“生物多样性保护优先区”4 个背景下分别分析内蒙古自治区自然保护地建设情况。

从类型、数量、规模、空间特征和管理体制 5 方面对呼伦贝尔自然保护地的现状特征进行总结分析。

2.1　自然保护地现状统计

内蒙古自治区现状主要有 7 个自然保护地类型，分别是自然保护区、森林公园、地质公园、湿地公园、风景名胜区、水利风景区和沙漠公园，各类自然保护地共计 350 处，总面积约为 15.6 万 km^2，占内蒙古自治区国土面积（118.3 万 km^2）的 13.19%，相关统计信息详见表 2–1，自然保护地分布详见附件 1，各盟市各级各类自然保护地统计信息详见表 2–2。

自然保护地现状统计表　表 2–1

编号	类型	数量（处）	总面积（万 km^2）	总面积占内蒙古自治区面积比（%）	国家级面积（万 km^2）	国家级面积占内蒙古自治区面积比（%）
1	自然保护区	185（国家级 29，自治区级 60，州市级 24，旗县级 72）	12.70	10.740	4.28	3.61
2	森林公园	58（国家级 37，自治区级 20，市级 1）	1.35	1.14	0.82	0.69
3	地质公园	20	0.85	0.72	0.76	0.64
4	湿地公园	49（另有，国际重要湿地 2，国家重要湿地 10）	0.34	0.29	0.34	0.29
5	风景名胜区	4（国家级 4，自治区级 2）	0.24	0.21	0.15	0.13
6	水利风景区	28	0.10	0.08	0.10	0.08
7	沙漠公园	6	0.02	0.02	0.02	0.02
	合计	350	15.6	13.19	6.47	5.46

各盟市各类各级自然保护地统计一览表（单位：处） 表 2-2

		呼伦贝尔市	兴安盟	通辽市	赤峰市	锡林郭勒盟	乌兰察布市	呼和浩特市	包头市	巴彦淖尔市	鄂尔多斯市	乌海市	阿拉善盟
自然保护区	国家级	6	3	2	8	2	0	1	0	2	2.5	0.5	2
	省级	7	6	4	9	7	5	1	3	4	8	0	6
	市级	0	0	10	4	1	8	1	0	0	0	0	0
	县级	16	1	28	8	4	6	4	2	0	2	0	1
地质公园	国际	0	1	0	1	0	0	0	0	0	0	0	1
	国家级	1	1	0	2	2	1	1	0	1	1	0	1
	省级	2	0	0	2	1	4	0	0	0	0	0	0
水利风景区	国家级	1	2	0	8	1	0	3	2	4	5	1	1
湿地公园	国际重要湿地	1	0	0	0	0	0	0	0	0	1	0	0
	国家重要湿地	1	1	0	1	2	2	0	0	1	1	0	1
	国家湿地公园	25	5	2	1	3	2	1	2	4	2	1	1
森林公园	国家级	12	5	0	6	2	2	2	2	2	1	0	2
	省级	1	0	6	7	1	1	0	1	0	3	0	0
	市级	0	0	0	1	0	0	0	0	0	0	0	0
风景名胜区	国家级	2	0	0	0	0	0	0	0	0	0	0	0
	省级	0	0	0	0	0	1	0	0	0	0	0	0
沙漠公园	国家级	0	0	1	1	0	0	0	0	1	2	1	0
合计	国家级自然保护地	50	18	5	28	12	7	8	6	15	15.5	2.5	9
	自然保护地	76	25	53	59	26	32	14	12	19	28.5	3.5	16

注：当 1 处自然保护地跨盟市时，计为 0.5 处，未考虑所跨盟市内的面积不同。

2.2　世界范围自然保护地比较

2.2.1　内蒙古自治区世界级自然保护地情况简述

内蒙古自治区拥有国际重要湿地 2 处，分别是鄂尔多斯遗鸥湿地，即鄂尔多斯遗鸥国家级自然保护区；达赉湖湿地，即达赉湖国家级自然保护区。拥有世界地质公园 3 处，分别是内蒙古克什克腾世界地质公园、内蒙古阿拉善沙漠世界地质公园和内蒙古阿尔山火山温泉世界地质公园。拥有全球生物圈保护区共 4 处，分别是达赉湖世界生物圈保护区（达赉湖国家级自然保护区）、赛罕乌拉世界生物圈保护区（赛罕乌拉国家级自然保护区）、锡林郭勒世界草原生物圈保护区（锡林郭勒草原国家级自然保护区）和汗马世界生物圈保护区（大兴安岭汗马国家级自然保护区）。

2.2.2　与周边国家相比

在与我国内蒙古自治区接壤的国家中，选取俄罗斯和蒙古参与比较；在与内蒙古处于同纬度地带的国家中，选取哈萨克斯坦和日本参与比较，其中，哈萨克斯坦、蒙古是游牧文化国家，文化特征与内蒙古类似。与这些周边国家相比，内蒙古所具有的国际重要性自然保护地情况如表 2–3 所示。内蒙古自治区世界地质公园数量超过蒙古国的数量，全球生物圈保护区数量与蒙古国、哈萨克斯坦及日本的数量接近；重要自然保护地密度与游牧国家相比差距不大，但与世界平均水平有一定差距。

国际视野下内蒙古自治区自然保护地重要性分析表　　**表 2–3**

国家 / 地区名称	陆地面积（km^2）	国际重要湿地数量（处）	世界地质公园（处）	世界自然遗产 / 混合遗产 / 文化景观（处）	世界生物圈保护区（处）	重要自然保护地密度（处 / 百万 km^2）
中国内蒙古自治区	1183000	2	3	0	4	7.6
蒙古	1566500	11	0	2	6	12.1
俄罗斯	17098200	35	0	11	44	5.3
哈萨克斯坦	2724900	10	0	2	8	7.3
日本	377972	50	9	4	9	190.5
全球	149000000	2303	140	241	669	22.5

2.3 全国范围自然保护地比较

2.3.1 拥有世界级自然保护地情况比较

内蒙古自治区拥有世界级称号的自然保护地（包括全球生物圈保护区、国际重要湿地和世界地质公园）数量、占比及在全国排名见表2–4。

其中，内蒙古自治区世界生物圈保护区数量（与四川省并列第一）与世界地质公园数量（全国第二）在全国范围名列前茅。

内蒙古自然保护地重要性分析表 **表2–4**

类型名称	数量比较			
	全国总数（处）	内蒙古自治区		全国排名情况
		总数（处）	占全国比例（%）	
全球生物圈保护区	33	4	11.76	截至2017年年底，与四川省并列第1
国际重要湿地	57	2	3.51	截至2018年2月，数量位居全国第15位
世界地质公园	35	3	8.57	截至2017年年底，排名全国第2

2.3.2 拥有国家级自然保护地情况比较

（1）与全国省级行政区比较

内蒙古自治区国家级自然保护地的数量、占比及其全国排名见表2–5。

其中，内蒙古自治区拥有的国家级自然保护区、国家森林公园、国家地质公园、国家湿地公园（试点）、国家沙漠公园的数量均位于全国前十。

内蒙古自治区自然保护地重要性分析表 **表2–5**

分类	类型名称	数量比较			
		国家总数（处）	内蒙古自治区		全国排名情况
			总数（处）	占总数比例（%）	
国家级	国家级自然保护区	446	29	6.5	截至2018年3月，内蒙古自治区国家级自然保护区总数29个，面积4.28万km²，数量居全国第三位。截至2016年年底，内蒙古自治区各级自然保护区总面积12.68万km²，占全区国土面积的10.72%，数量和面积均居全国第4位

续表

分类	类型名称	数量比较			
		国家总数（处）	内蒙古自治区		全国排名情况
			总数（处）	占总数比例（%）	
国家级	国家公园（试点）	10	0	0	截至 2018 年 5 月，内蒙古自治区内无国家公园试点
	国家级风景名胜区	244	2	0.8	截至 2017 年 3 月，排名靠后
	国家森林公园	828	36	4.3	截至 2017 年年底，数量居全国第 8 位
	国家地质公园	209	8	3.8	截至 2017 年年底，与多省同居全国第 5
	国家湿地公园（试点）	898	49	5.5	截至 2016 年 12 月，数量全国第 6
	国家城市湿地公园	58	1	1.7	排名靠后（20/34）
	国家水利风景区	658	28	4.3	截至 2016 年年底，数量与吉林并列全国第 14 位
	国家沙漠公园（试点）	55	6	10.9	截至 2018 年 5 月，与山西并列第 4

（2）与国家公园试点所在省级行政区的比较

与国家公园试点所在的 12 个省级行政区相比较，内蒙古自治区保护地数量排名靠前的自然保护地类型有：全球生物圈保护区、世界地质公园、国家级自然保护区、国家沙漠公园（试点）、国家湿地公园（试点）、国家地质公园 6 类，占内蒙古自治区已有自然保护地类型的一半以上（6/11）；数量居中的有：国家森林公园和国家水利风景区 2 类；数量排名靠后的有：国际重要湿地、国家级风景名胜区和国家城市湿地公园 3 类。如表 2–6 所示。

内蒙古自治区与国家公园试点所在省级行政区的自然保护地数量比较（单位：处）　表 2–6

行政区	数量比较											国家公园试点名称
	全球生物圈保护区	世界地质公园	国家级自然保护区	国家沙漠公园	国家湿地公园试点	国家地质公园	国家森林公园	国家水利风景区	国际重要湿地	国家级风景名胜区	国家城市湿地公园	
内蒙古自治区	4	3	29	6	49	8	36	28	2	2	1	—
北京	0	2	2	0	2	5	15	3	0	2	1	长城
吉林	1	0	21	0	22	4	35	28	2	4	0	东北虎豹
黑龙江	3	2	46	0	60	7	66	32	8	4	2	东北虎豹
浙江	2	1	11	0	11	4	41	33	1	22	5	钱江源
福建	1	2	17	0	6	10	30	35	1	19	1	武夷山
湖北	1	1	22	0	63	7	37	19	3	7	1	神农架

续表

行政区	数量比较											国家公园试点名称
	全球生物圈保护区	世界地质公园	国家级自然保护区	国家沙漠公园	国家湿地公园试点	国家地质公园	国家森林公园	国家水利风景区	国际重要湿地	国家级风景名胜区	国家城市湿地公园	
湖南	0	1	23	0	69	10	63	40	3	21	1	南山
四川	4	3	31	0	29	14	44	36	1	15	2	大熊猫
云南	2	2	20	1	16	10	32	20	4	12	0	普达措
陕西	2	1	25	2	38	7	37	39	0	5	0	大熊猫
青海	0	1	7	8	19	6	7	13	3	1	0	三江源 祁连山
甘肃	1	1	21	9	12	7	22	29	2	4	2	祁连山
合计	17	17	246	20	347	91	429	327	28	116	15	
内蒙古自治区排名情况	与吉林并列第1	与四川并列第1	第3	第3	第4	第5	居中	居中	靠后	靠后	靠后	

2.4 内蒙古自治区范围自然保护地比较

2.4.1 自然保护区

自然保护区主要分布在呼伦贝尔市、通辽市、赤峰市和乌兰察布市4个盟市，其中，数量上，通辽市位列第一，呼伦贝尔市位列第二；面积上，呼伦贝尔市位列第一，该市自然保护区的面积占到总保护区面积的30%，见表2–7、图2–1和图2–2。

内蒙古自治区内自然保护地分析表（单位：km²） **表2–7**

	呼伦贝尔市	兴安盟	通辽市	赤峰市	锡林郭勒盟	乌兰察布市	呼和浩特市	包头市	巴彦淖尔市	鄂尔多斯市	乌海市	阿拉善盟
行政区划面积	25.36	5.43	5.94	8.62	20.14	5.49	1.73	2.79	6.6	8.79	0.19	24.92
行政区面积占内蒙古自治区总面积比	21.86%	4.68%	5.12%	7.43%	17.36%	4.73%	1.49%	2.41%	5.69%	7.58%	0.16%	21.48%
国家级自然保护区面积	1.4	0.23	0.1	0.67	0.68	0	0.39	0	0.19	0.51	0.02	0.09
国家级自然保护区面积占所在行政区划面积比	5.52%	4.24%	1.68%	7.77%	3.38%	0.00%	22.54%	0.00%	2.88%	5.80%	10.53%	0.36%
自然保护区总面积	3.72	0.51	0.49	1.16	2.07	0.21	0.435	0.09	0.33	0.9504	0.02	2.9
自然保护区总面积占所在行政区划面积比	14.67%	9.39%	8.25%	13.46%	10.28%	3.83%	25.14%	3.22%	5.00%	10.81%	10.52%	11.64%

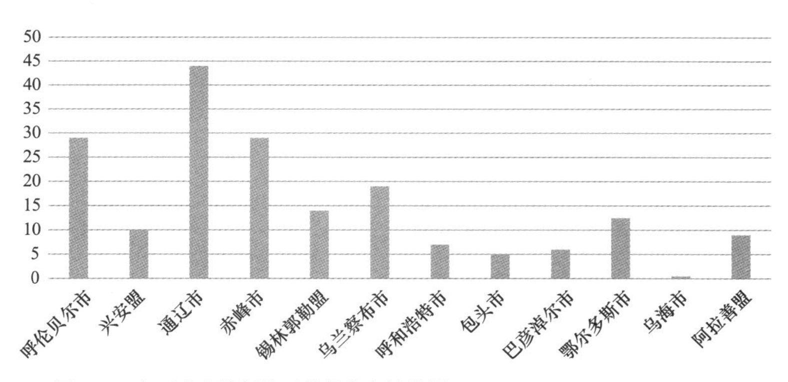

■ 图 2–1　各盟市自然保护区数量分布柱状图

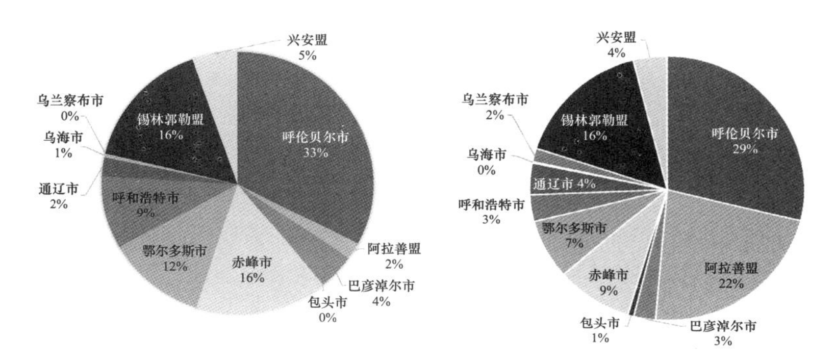

■ 图 2–2　左：各盟市自然保护区面积比较示意图；右：各盟市国际级自然保护区面积比较示意图

内蒙古自治区大部分盟市自然保护区面积所占行政区面积比高于内蒙古自治区平均水平（10.8%），但是低于全国自然保护区面积占国土面积比（14.8%），详见图 2–3、图 2–4。

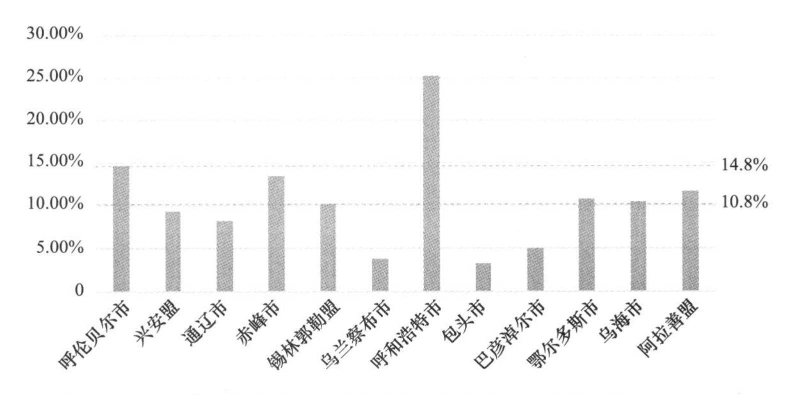

■ 图 2–3　各盟市自然保护区面积占本盟市国土面积比较示意图

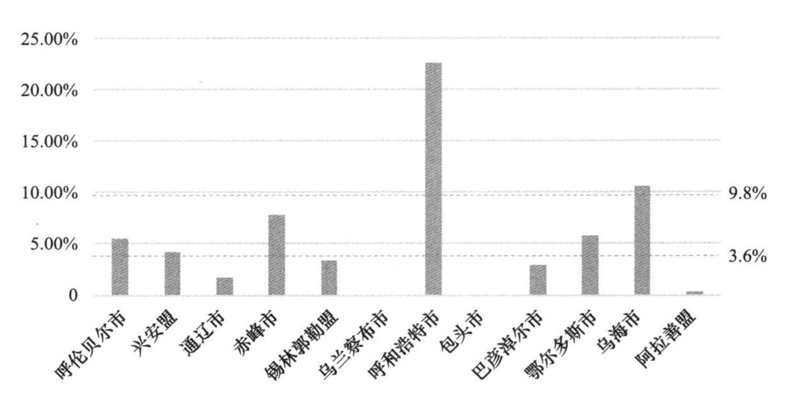

■ 图 2–4 各盟市国家级自然保护区面积占本盟市国土面积比较示意图

2.4.2 森林公园

内蒙古自治区森林公园主要集中分布在赤峰市和呼伦贝尔市，赤峰市森林公园数量最多，呼伦贝尔市国家级森林公园数量最多（图 2–5）。呼伦贝尔市森林公园面积占内蒙古自治区森林公园总面积比值最高，约为 30%。

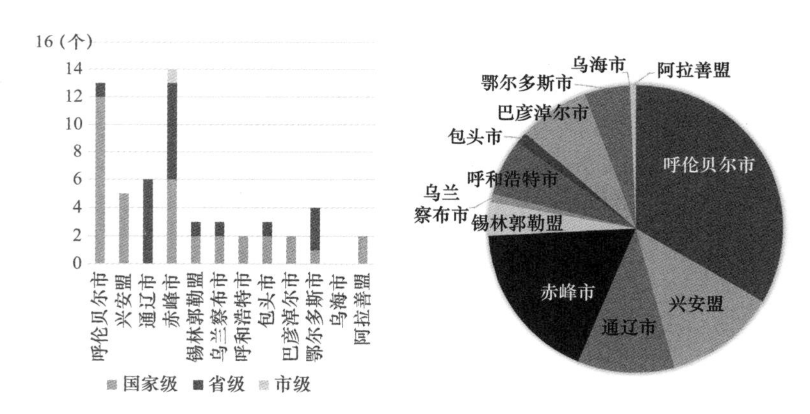

■ 图 2–5 左：各盟市森林公园数量分布柱状图；右：各盟市森林公园面积比较示意图

2.4.3 地质公园

内蒙古自治区地质公园主要分布在乌兰察布市和赤峰市 2 个市（图 2–6）。

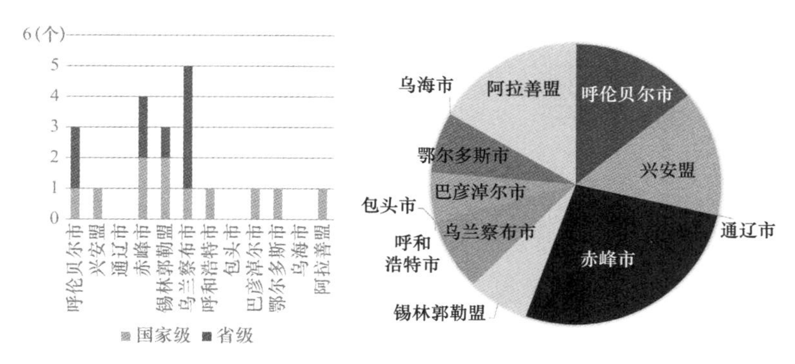

■ 图 2–6 左: 各盟市地质公园数量分布柱状图; 右: 各盟市地质公园面积比较示意图

2.4.4 湿地公园

内蒙古自治区拥有国家湿地公园共 49 处，主要分布在呼伦贝尔市、兴安盟和巴彦淖尔市 3 个盟市。呼伦贝尔市国家湿地公园数量和面积均位列第一，数量占据内蒙古自治区国家湿地公园总量的 50%，面积占比约为 75%（图 2–7）。

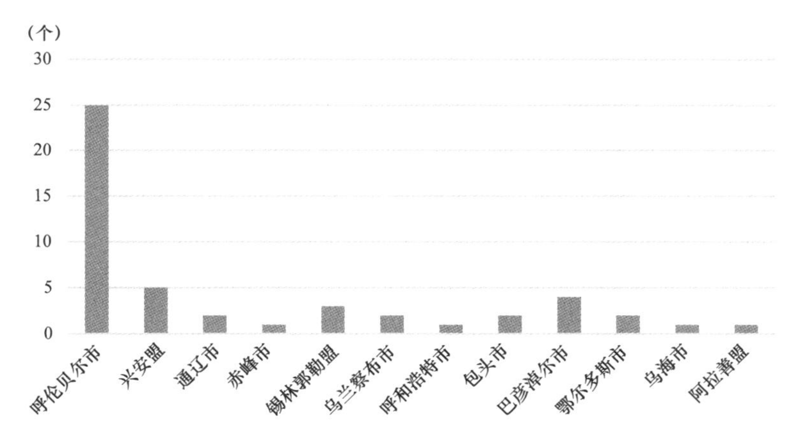

■ 图 2–7 各盟市湿地公园数量分布柱状图

2.4.5 风景名胜区

内蒙古自治区共有风景名胜区 4 处，其中国家级 2 处，风景名胜区主要分布在呼伦贝尔市、包头市和乌兰察布市。呼伦贝尔市是内蒙古自治区唯一一个有两个国家级风景名胜区的盟市。

2.4.6 水利风景区

内蒙古自治区水利风景区主要分布在巴彦淖尔市、鄂尔多斯市、呼和浩特市和赤峰市4个盟市。赤峰市水利风景区数量最多，占到8个，呼伦贝尔市、锡林郭勒盟和乌海市、阿拉善盟水利风景区较少，仅有1个；通辽市与乌兰察布市没有水利风景区（图2–8）。

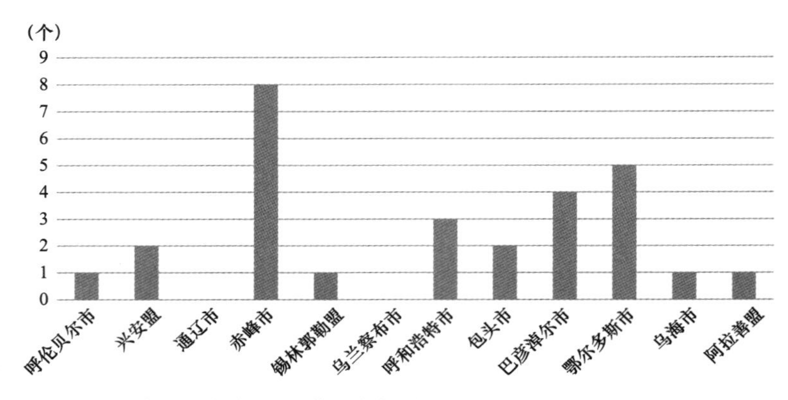

■ 图2–8 各盟市水利风景区数量分布柱状图

2.4.7 沙漠公园

内蒙古自治区共有沙漠公园6处，分布在赤峰市、通辽市、乌海市、巴彦淖尔市和鄂尔多斯市，其中鄂尔多斯市2处，其他4个盟市各1处。

2.5 不同背景下自然保护地现状分析

2.5.1 重点生态服务功能分布区背景下的自然保护地

对自然保护地整体情况而言，属于防风固沙功能区的自然保护地面积不足。对国家级和省级自然保护地而言，属于防风固沙和水源涵养功能区的自然保护地面积不足（表2–8）。

内蒙古自治区自然保护地与重点生态服务功能分布区关系统计一览表　表 2–8

生态服务类型	总面积（万 km^2）	各类自然保护地面积（万 km^2）	占比（%）	自然保护区面积（万 km^2）	占比（%）	国家级省级自然保护区面积（万 km^2）	占比（%）
防风固沙	43.06	5.04	11.71	4.32	10.04	3.43	7.97
生物多样性	3.33	0.74	22.35	0.69	20.82	0.69	20.82
水源涵养	25.25	4.17	16.53	2.57	10.16	1.58	6.27

2.5.2 “两屏三带”生态安全格局背景下的自然保护地

全国主体功能区规划明确了我国以“两屏三带”为主体的生态安全战略格局。“两屏三带”生态安全格局是指以青藏高原生态屏障、黄土高原川滇生态屏障、东北森林带、北方防沙带和南方丘陵土地带以及大江大河重要水系为骨架，以其他国家重点生态功能区为重要支撑，以点状分布的国家禁止开发区域为重要组成部分的生态安全战略格局。

现状黄土高原丘陵沟壑水土保持区和阴山北麓生态屏障区域的自然保护地面积不足。对国家级、省级自然保护地而言，位于大兴安岭生态屏障、黄土高原丘陵沟壑水土保持区、阴山北麓生态屏障区域的自然保护地面积不足。位于沙漠防治区的自然保护地面积相对较多（表 2–9）。

内蒙古自治区自然保护地与“两屏三带”生态安全格局的关系统计一览表　表 2–9

生态安全格局	总面积（万 km^2）	各类自然保护地面积（万 km^2）	占比（%）	自然保护区面积（万 km^2）	占比（%）	国家级省级自然保护区面积（万 km^2）	占比（%）
大兴安岭生态屏障	6.70	1.27	18.88	0.88	13.14	0.02	0.28
黄土高原丘陵沟壑水土保持区	1.03	0.06	5.71	0.05	4.67	0.00	0.17
沙地防治区	10.98	1.13	10.27	1.02	9.29	0.76	6.92
沙漠防治区	27.06	3.29	12.15	3.13	11.55	3.06	11.30
阴山北麓生态屏障	5.89	0.20	3.32	0.07	1.20	0.06	1.10

2.5.3 不同生态系统类型背景下的自然保护地

根据郭子良等人的区划成果，将内蒙古自治区分为3个生态地理大区，11个生态地理分区。东部大兴安岭森林大区，占内蒙古总面积的24%，主要为森林生态系统。中部内蒙古高原草原大区，占内蒙古总面积的46%，主要为草原生态系统和农田生态系统。西部阿拉善荒漠大区，占内蒙古总面积的30%，主要为荒漠生态系统。

内蒙古自治区以草原、荒漠和森林生态系统为主体。整体而言，分布于荒漠生态系统的自然保护地面积占比最低；对国家级、省级自然保护地而言，分布于森林生态系统的自然保护地面积占比最低（表2-10）。

内蒙古自治区自然保护地与生态系统分布区的关系统计一览表　　表2-10

生态系统类型	总面积（万 km^2）	各类自然保护地面积（万 km^2）	占比（%）	自然保护区面积（万 km^2）	占比（%）	国家级省级自然保护区面积（万 km^2）	占比（%）
草原	54.35	8.67	15.96	7.19	13.22	5.91	10.88
荒漠	33.95	3.40	10.01	3.23	9.51	3.16	9.32
森林	27.69	3.89	14.03	2.46	8.89	1.32	4.76

2.5.4 生物多样性保护优先区背景下的自然保护地

我国是全球生物资源特别丰富的12个国家之一，拥有丰富、独特的生态系统和物种类型[1,2]。2010年国务院批准发布了《中国生物多样性保护战略与行动计划（2011-2030年）》，划定了35个生物多样性保护优先区域，以开展生物多样性保护工作，成为把生物多样性保护的各项政策措施落到实处的基础。

总体而言，内蒙古自治区分布于生物多样性优先区的自然保护地面积所占的比例较高（表2-11）。

1 赵济，陈永文，韩渊丰．中国自然地理第三版[M]．北京：高等教育出版社，2009.
2 陈昌笃．中国生物多样性国情研究报告[M]．北京：中国环境科学出版社，1998.

内蒙古自治区自然保护地与生物多样性优先区的关系统计一览表　表 2–11

属性	总面积（万 km²）	各类自然保护地面积（万 km²）	占比（%）	自然保护区面积（万 km²）	占比（%）	国家级省级自然保护区面积（万 km²）	占比（%）
生物多样性优先区	27.06	7.00	25.85	6.08	22.47	5.44	20.10

2.6　呼伦贝尔市自然保护地现状特征分析

2.6.1　类型、数量、规模与空间特征

呼伦贝尔现在主要有6类自然保护地，分别是自然保护区、地质公园、森林公园、湿地公园、风景名胜区和水利风景区（表 2–12）。自然保护地总量共 74 处，占内蒙古自治区自然保护地总数的 21%；自然保护地总面积为 4.61 万 km^2，占呼伦贝尔市行政面积的 17.59%，占内蒙古自治区自然保护地总面积的 29.55%。其中，呼伦贝尔市拥有国家级自然保护地数量共 47 处，总面积为 2.24 万 km^2，占呼伦贝尔市行政面积的 8.56%，占呼伦贝尔市自然保护地面积的 48.59%。

呼伦贝尔市自然保护地类型及数量　表 2–12

编号	类型	数量（处）	面积（万 km²）	占比（%）
1	自然保护区	29	3.71	14.16
2	风景名胜区	2	0.15	0.57
3	地质公园	3	0.08	0.31
4	森林公园	14	0.45	1.70
5	水利风景区	1	0.01	0.04
6	国家湿地公园	25	0.21	0.80
	合计	74	4.61	17.59

按不同类型自然保护地统计，呼伦贝尔市自然保护区共 29 处，其

中，国家级6处，自治区级7处，旗县级19处，总面积约3.71万km^2。自然保护区面积在自治区内排名第一，数量与赤峰市并列第二。森林公园共14处，其中国家级12处，省级2处，总面积约4500km^2，森林公园数量位列自治区第一，面积占内蒙古自治区森林公园总面积比值最高，约30%。地质公园共3处，其中国家级1处，自治区级2处，总面积约800km^2。国家湿地公园25处，总面积约2100km^2，数量占内蒙古自治区国家湿地公园总量的50%，面积占比约75%。呼伦贝尔市国家级风景名胜区共2处，总面积约1500km^2。国家水利风景区1处，总面积约100km^2。另外，呼伦贝尔市拥有国际重要湿地暨国家重要湿地1处，为达赉湖国家级自然保护区，同时也是国家湿地公园，面积为7400km^2。

呼伦贝尔市自然保护地整体分布较为破碎。呼伦贝尔区域河网密布，自然保护地以国家湿地公园为主，湿地公园对于河流覆盖度不明确。国家级森林公园呈南北走向集中分布在呼伦贝尔中部区域，国家级自然保护区主要集中在呼伦贝尔西侧和北侧。

2.6.2 管理体制分析

呼伦贝尔市域内的自然保护地管理单位的行政归属主要分为人民政府垂直管理、人民政府资源主管部门（林业、环保、水利和国土等）负责管理，以及内蒙古大兴安岭重点国有林管理局（简称为林管局）负责管理三类。例如，呼伦湖国家级自然保护区管理局由呼伦贝尔市人民政府垂直管理，巴尔虎黄羊自治区级自然保护区管理处由新巴尔虎右旗环保局负责管理，汗马国家级自然保护区管理局由林管局垂直管理。按照自然保护地管理单位的行政级别和类型划分，涵盖正处级（额尔古纳国家级自然保护区）至股级（扎兰屯秀水国家湿地公园），管理单位绝大多数为事业单位，部分参公管理，个别与属地政府合署办公（扎兰屯国家级风景名胜区）。行政级别和类型的差别造成自然保护地管理单位的协调能力、人员编制、资金投入存在很大差异，并且行政级别并不能严格反映自然保护地范围内自然资源的重要性和典型性。

（1）以草原生态系统为本底的自然保护地

草原生态系统为本底的自然保护地是指以各种草原、草甸生态系统为主要保护对象，以及以草地为主要生境的野生动物和野生植物类型自然保护地。内蒙古自治区境内属于此种类型的国家级和自治区级自然保护区共有10处，全部由环保部门负责管理，呼伦贝尔市域内有1处，即新巴尔虎黄羊自治区级自然保护区（简称为黄羊保护区）。按照机构职能划分，草原作为重要的生态资源和生产资料由农牧业主管部门负责管理，工作职能主要包括草原的生态保护和规划建设，以及草场确权和草畜平衡等工作。在草原野生动植物保护、草原自然保护区管理、防沙治沙和草原防火等工作领域，农牧业部门与环保和林业部门的管理职能存在交集，但农牧业部门不直接管理自然保护地。

自治区草原生态环境存在草场退化沙化、草场超量畜牧、非牧户经营草场等共性问题，国家层面于 2011 年制定了草原生态保护补助奖励政策并在自治区落地实施，具体包括实施禁牧补助、实施草畜平衡奖励和给予牧民生产性补贴三大类。目前，各类自然保护地范围内的草场基本完成确权工作，由于土地权属和资金投入的限制，自然保护地管理单位无法对草场经营进行调控管理，农牧业基础设施和放牧、割草等传统生产活动由属地政府进行管理。另根据调研得知，黄羊保护区已完成草场确权，核心区内属于集体草场，没有承包给牧户，生态压力较小；按照新巴尔虎右旗的补偿标准，实施禁牧每亩补偿 13.75 元，实施草畜平衡每亩奖励 3.58 元。

（2）以森林、湿地生态系统为本底的自然保护地

呼伦贝尔市域内的森林、湿地生态系统类自然保护地大部分位于市属林业局和内蒙古大兴安岭重点国有林管理局施业区内，上级业务指导部门为自治区林业厅。其中，林管局负责管理 3 处国家级自然保护区、2 处自治区级自然保护区、3 处市县级自然保护区、9 处国家湿地公园、6 处国家森林公园，这些自然保护地的运行资金和人员编制由林管局统筹安排，自治区财政和呼伦贝尔市财政无实际投入。在土地权属上，林管局辖区内均为国有林场，林地权归属于国家林草局，所有建设项目和林地划转均需要国家林草局审批。市属林业局负责管理 1 处国家级自然保护区、6 处国家湿地公园和 1 处国家森林公园。从自然保护地的空间分布来看，森林生态系统受保护情况较好，但河流湿地生态系统仍存在保护空缺。

第3章

内蒙古自治区自然保护地问题研究

全面、系统地梳理总结了内蒙古自治区自然保护地保护管理中存在的4大方面问题，分别是全域保护利用不均衡、自然保护地体系构建不系统、保护管理技术方法不科学和保护管理体制保障不到位。其中全域保护利用不均衡的问题表现为水资源利用、一产二产三产、城镇建设发展、基础设施建设、国家战略空间落位与生态保护存在冲突；自然保护地体系构建不系统表现为保护对象不全面、保护面积不充分和空间布局不均衡；保护管理技术方法不科学表现为边界划定不合理、功能分区不适宜、保护措施不科学、资源利用水平低；保护管理体制保障不到位表现为保护地管理事权划分不清晰、管理机构设置不规范、资金投入和资金支出结构不合理、管理人员配备不充足和生态补偿机制不健全。对自然保护地保护管理存在问题的全面总结为提出针对性的战略和行动计划奠定了坚实的前期基础。

3.1　问题一：全域保护利用统筹不均衡

内蒙古自治区全域保护利用统筹不均衡问题体现在 5 个方面。

其一，水资源利用与生态保护存在矛盾。内蒙古自治区中、西部地区普遍水资源紧缺，水资源实际利用率较高，部分盟市已经严重超载。12 个盟市中，超过多年平均实际可利用水资源的盟市已达 7 个，水资源利用率超过 100% 的已达 4 个。而草场退化、水土流失、湿地衰退等生态后果均与地下水水位下降紧密相关。

其二，一产、二产、三产与生态保护存在矛盾。生态保护与一二三产的矛盾体现在空间上的高度重叠，自然保护地内存在大量农牧业生产区，或地下蕴藏丰富矿藏。

其三，城镇建设发展与生态保护存在矛盾。城镇建设或规划边界与自然保护地交叉、重叠，或因城镇建设边界不明确而使自然保护地面临威胁。

其四，基础设施建设与生态保护存在矛盾。道路等基础设施建设穿越自然保护地，或因道路建设而调整自然保护区边界或核心区的现象屡见不鲜。

其五，国家战略空间落位与生态保护存在矛盾。内蒙古自治区是国家重要能源基地、稀土生产基地和风能与太阳能资源的开发重点，上述国家战略在内蒙古自治区各盟市的空间选址与已有自然保护地和生态保护的潜在重要区域存在冲突。

3.1.1　水资源利用与生态保护的矛盾

内蒙古自治区是世界最大的国际河流——黑龙江的重要发源地

黑龙江是中国第三大河，世界第十大河流，是世界上最大的国际河流之一，全流域包括中国、俄罗斯、蒙古和朝鲜四个国家，滋润着东北亚的广大区域，总流域面积达 185.6 万 km^2，以额尔古纳河为正源，以额尔古纳河的上源，发源于内蒙古大兴安岭的海拉尔河为南源，呼伦贝尔大草原上的呼伦湖和众多湿地也是其重要水源。

巴丹吉林沙漠中的湖泊是中国北方干旱区湖泊的典型代表

巴丹吉林沙漠中已探明的湖泊有 144 个，俗称“沙漠千湖”。在众多湖泊中印德日图泉最为神奇，不足 3km^2 的暗礁上有 108 个泉眼，被誉为“神泉”，具有世界级的科研价值和保护价值。

呼伦贝尔拥有中国北方第一大淡水湖——呼伦湖

呼伦湖是我国第五大淡水湖，于2002年被列入《国际重要湿地名录》。呼伦湖水系属于典型的内陆湿地，包含永久性河流、湖泊、灌丛湿地等湿地类型。呼伦湖与相连的贝尔湖共同滋润着呼伦贝尔大草原，与大兴安岭森林共同组成完整的生态系统。

大兴安岭区域水网密布，有“东北亚水塔”的美誉

内蒙古东部流域是黑龙江流域、辽河流域、海河流域众多城市的水源地。大兴安岭水网密布，孕育了大量湿地和沼泽地，滋润着额尔古纳河、黑龙江等国际河流，有“东北亚水塔”之美誉，具有重要的水土保持和洪水调蓄功能。大兴安岭林区湿地是寒温带针叶林区森林湿地的典型代表。林区湿地受人为干扰影响较小，生物群落稳定，生态系统结构完整、功能健全，保持着良好的原生性，具有较高的科学研究价值。此外，大兴安岭沼泽地分布广泛。其中，大兴安岭东麓主要分布泥炭藓属沼泽地，具有重要的碳汇价值；西麓的芦苇属沼泽湿地是重要的天然储水系统，拥有丰富的动植物资源。

内蒙古自治区水资源利用与生态保护间存在显著的矛盾[1]，而草场退化、水土流失、湿地衰退等生态后果均与水环境恶化紧密相关。在12个盟市中，水资源利用率超过多年平均实际可利用水资源的盟市已达7个，超过100%的已达4个。其中，内蒙古中、西部地区普遍水资源紧缺，水资源实际利用率较高，部分盟市严重超载。

内蒙古自治区为高维度地区，距离海洋较远，以温带大陆性季风气候为主。年总降水量50～450mm，降水量由东北向西南递减，全年太阳辐射量由东北向西南递增。全境大部分地区蒸发量都高于1200mm，其中巴彦淖尔高原地区达3200mm以上。水热环境的不均衡导致内蒙古水资源在地区、时程的分布上很不均匀，中西部大部分地区水资源尤为紧缺。

根据《内蒙古自治区人民政府办公厅印发的〈内蒙古自治区新增“四个千万亩”高效节水灌溉实施方案（2016-2020年）〉（内政办发〔2017〕129号）》，自治区多年平均水资源可利用量为285.02亿m^3；根据2012-2016年《内蒙古自治区水资源统计公报》，内蒙古自治区5年来平均水资源总量为594.26亿m^3；平均水资源可利用量约占水资源总量的47.96%。以该值为参考，将内蒙古自治区平均水资源可利用量占水资源总量的比率取值为50%、60%、70%，以内蒙古自治区2016年的水资源数据代入进行比较，得到以下结论。

以盟市行政边界统计，内蒙古自治区中部、西部的大部分地区存在水资源利用超标问题，其中呼和浩特市、包头市、乌海市、鄂尔多斯市、巴彦淖尔市、阿拉善盟的问题较严重（表3-1、图3-1）。2016年，内蒙古自治区12个盟市中，当水资源可利用率为50%时，呼和浩特市、

1 本部分所有水资源数据来自内蒙古自治区历年水资源统计公报。其中各图表分析采用《2016年内蒙古自治区水资源统计公报》数据http://www.nmgslw.gov.cn/xxgk/jcms_files/jcms1/web2/site/art/2017/7/27/art_56_3012.html.

内蒙古自治区各盟市水资源利用情况一览表　　表 3–1

行政区	水资源实际利用率（%）	可利用水资源量（= 50%）	可利用水资源量（= 60%）	可利用水资源量（= 70%）	多年平均实际可利用水资源
呼和浩特市	66.99	●	●	○	●
包头市	147.05	●	●	●	●
乌海市	803.13	●	●	●	●
鄂尔多斯市	42.10	○	○	○	●
乌兰察布市	54.84	●	○	○	○
巴彦淖尔市	932.46	●	●	●	●
通辽市	65.52	●	●	○	●
阿拉善盟	395.24	●	●	●	●
赤峰市	54.32	●	○	○	○
呼伦贝尔市	8.52	○	○	○	○
兴安盟	46.74	○	○	○	○
锡林郭勒盟	13.29	○	○	○	○

注：●超过水资源可利用率；○低于水资源可利用率。

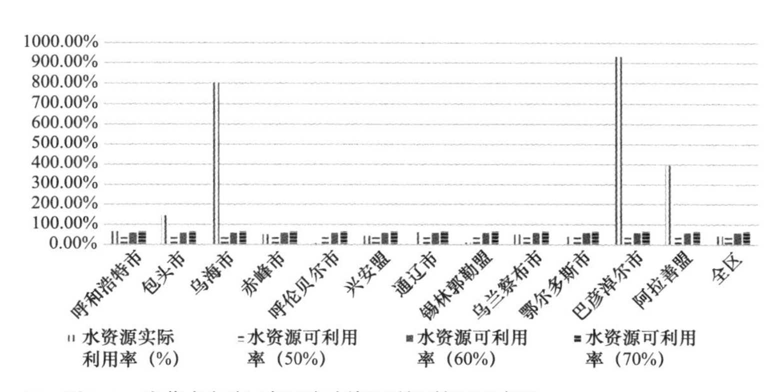

■ 图 3–1　内蒙古自治区各盟市水资源利用情况示意图

包头市、乌海市、赤峰市、通辽市、乌兰察布市、巴彦淖尔市、阿拉善盟的用水量超过水资源可利用量，其中巴彦淖尔市超标近 20 倍，乌海市超标 16 倍，阿拉善盟超标 8 倍；当比值为 60% 时，呼和浩特市、包头市、乌海市、通辽市、巴彦淖尔市、阿拉善盟的用水量超过水资源可利用量；当比值为 70% 时，包头市、乌海市、巴彦淖尔市、阿拉善盟的用水量超过水资源可利用量；而将各盟市用水量直接与多年平均水资源可利用量相比，呼和浩特市、包头市、乌海市、鄂尔多斯市、巴彦淖尔市、阿拉善盟的用水量超过可利用水资源量。

以流域统计：内蒙古自治区五大一级流域中，只有松花江流域的水资源平衡情况较为乐观，其中辽河流域、黄河流域问题最为严重。当水资源可利用量占水资源总量的 50% 时，黄河流域、辽河流域的用水量超过可利用水资源量，其中黄河流域超标近 3 倍，海河流域、西北诸河流域的用水量接近可利用水资源量，其中海河流域用水量占可利用水资源量的 87%，西北诸河为 91%；当水资源可利用率为 60% 时，辽河、黄河流域依旧超标；当水资源可利用率为 70% 时，黄河流域超标；各一级流域中，西北诸河、海河、辽河三大流域地下水供水量超过地表水供水量（表 3-2、图 3-2、图 3-3）。

内蒙古自治区一级流域水资源利用情况一览表 **表 3-2**

一级流域区	水资源 实际利用率 （%）	可利用 水资源量 （= 50%）	可利用 水资源量 （= 60%）	可利用 水资源量 （= 70%）
松花江	13.52	○	○	○
辽河	61.45	●	●	○
海河	43.30	○	○	○
黄河	137.24	●	●	●
西北诸河	45.62	○	○	○

注：●超过水资源可利用率；○低于水资源可利用率。

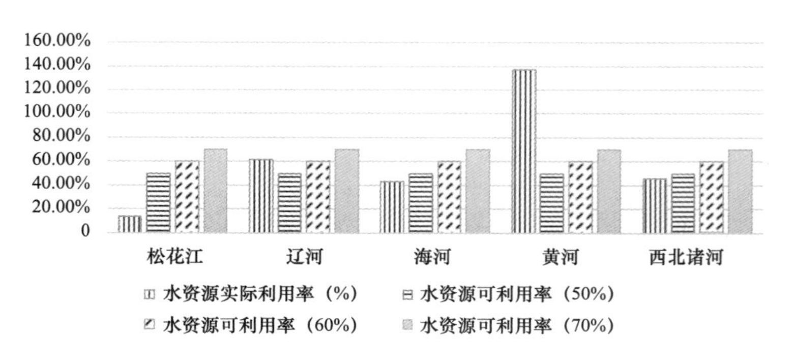

■ 图 3-2　各一级流域水资源平衡示意图

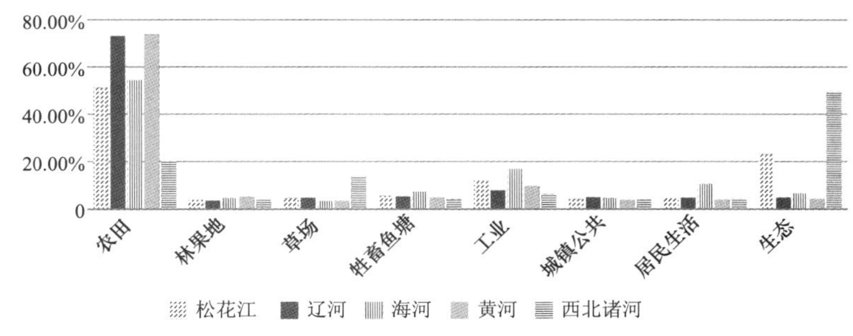

■ 图 3-3　各一级流域各类别用水量占本流域总用水量的比值

以生态系统统计：内蒙古自治区 3 大生态系统中，森林生态系统在水资源平衡方面较为乐观，草原生态系统、荒漠生态系统均存在较突出的问题。当水资源可利用率为 50% 时，草原生态系统、荒漠生态系统的用水量均远超可利用水资源量，其中荒漠超标 8 倍，草原超标 1.5 倍；可利用率为 70% 时，草原生态系统、荒漠生态系统的用水量均依旧超标。从用水来源看，草原以地下水供应为主，森林与荒漠以地表水供应为主；从耗水量而言，荒漠生态系统的耗水率远高于森林和草原（表 3–3、图 3–4、图 3–5）。

以主体功能区计：以主体功能区统计，重点开发区普遍水资源平衡问题较严重，乌海市、包头市为甚，呼和浩特市、鄂尔多斯市也不容乐观；限制开发区普遍超标，尤以巴彦淖尔市和阿拉善盟最为突出；功能混合区情况较好，能普遍实现水资源平衡。重点开发区以开发利用为主，参与比较的水资源可利用率上限定为 70%；限制开发区以生态保护和生态系统服务功能提供为主，其水资源应更多地参与到生态系统、生态过程本身的循环中，因此参与比较的水资源可利用率上限定为 50%；功能混合区是在同一盟市中混杂多种功能的区域，其水资源用途应是多方式、多途径的，因为参与比较的水资源可利用率包含 50%、60%、70% 共 3 类（表 3–4）。

内蒙古自治区各生态系统水资源利用情况一览表　　**表 3–3**

	水资源实际利用率（%）	水资源可利用率（＝50%）	水资源可利用率（＝60%）	水资源可利用率（＝70%）
森林生态系统	13.42	○	○	○
草原生态系统	76.29	●	●	●
荒漠生态系统	430.71	●	●	●

注：●超过水资源可利用率；○低于水资源可利用率。

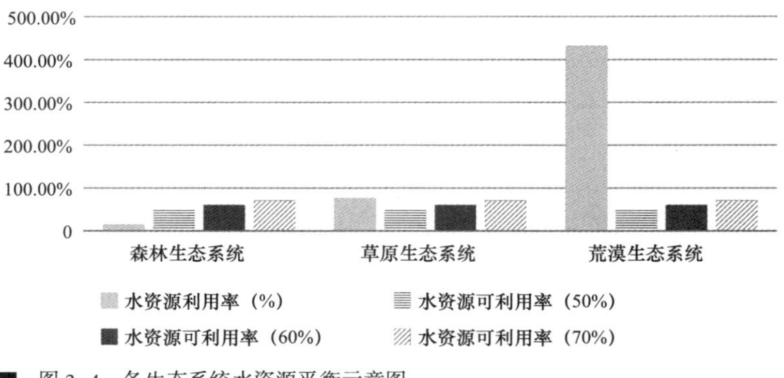

图 3-4　各生态系统水资源平衡示意图

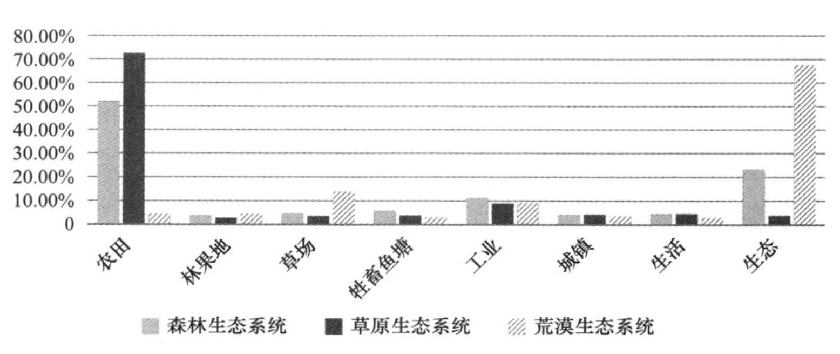

图 3-5　各生态系统各类别用水量占本流域总用水量的比值

内蒙古自治区主体功能区水资源利用情况一览表　**表 3-4**

行政区	水资源实际利用率（%）	可利用水资源量（=50%）	可利用水资源量（=60%）	可利用水资源量（=70%）	多年平均实际可利用水资源	主体功能区类型
呼和浩特市	66.99	●	●	○	●	重点开发区
包头市	147.05	●	●	●	●	
乌海市	803.13	●	●	●	●	
鄂尔多斯市	42.10	○	○	○	●	
小计	65.22	●	●	○	●	
乌兰察布市	54.84	●	×	×	○	限制开发区
巴彦淖尔市	932.46	●	×	×	●	
通辽市	65.52	●	×	×	●	
阿拉善盟	395.24	●	×	×	●	
小计	157.99	●	×	×	●	

续表

行政区	水资源实际利用率（%）	可利用水资源量（＝50%）	可利用水资源量（＝60%）	可利用水资源量（＝70%）	多年平均实际可利用水资源	主体功能区类型
赤峰市	54.32	●	○	○	○	
呼伦贝尔市	8.52	○	○	○	○	
兴安盟	46.74	○	○	○	○	功能混合区
锡林郭勒盟	13.29	○	○	○	○	
小计	18.01	○	○	○	○	

注：●超过水资源可利用率；○低于水资源可利用率；× 不参与比较；
•小计对应“主体功能区类型”相关内容。

用水项目分析：内蒙古自治区用水以农田为主，超过自治区用水总量的 60%，其后依序为生态用水、工业用水、生活用水、草场用水、畜牧鱼塘用水、林果地用水、城镇用水。各盟市用水项目不一。2016 年，自治区用水最多的项目类别为农田，占总水量的 63.28%（图 3–6）。

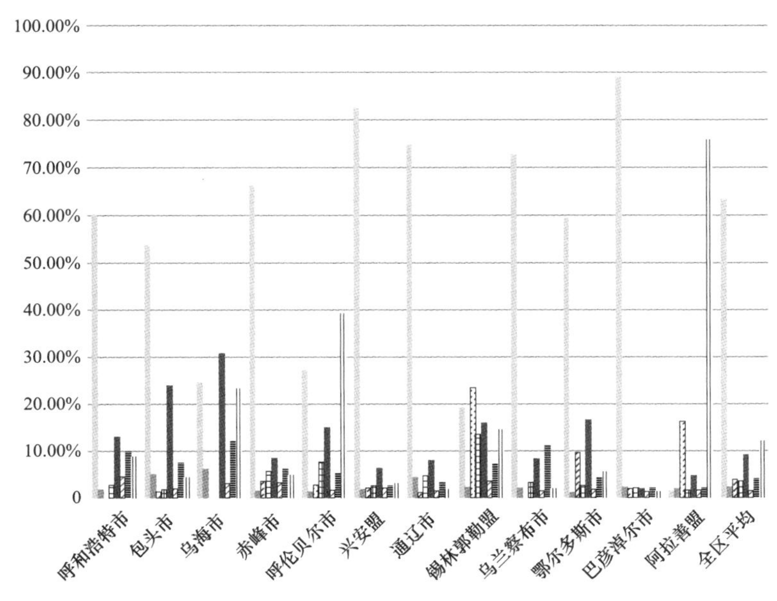

■　图 3–6　2016 年各盟市水资源消耗情况（单位：亿 m^3）

以盟市统计：12 个盟市中共有 8 个以农田用水占绝对多数，其中超过总水量 80% 有巴彦淖尔市（88.91%）、兴安盟（82.51%）；以林果地占比超过 5% 的有乌海市（6.23%）和包头市（5.13%）；以草场占比超过 10% 的有阿拉善盟（16.33%）和锡林郭勒盟（23.42%）；以牲畜鱼塘占比超过 10% 的有锡林郭勒盟（13.50%）；以工业用水占多数的有乌海市（30.74%），此外包头市、鄂尔多斯市、锡林郭勒盟、呼伦贝尔市、呼和浩特市的工业用水占比超过 10%；以生活用水占比超过 10% 的有乌海市（12.06%）、乌兰察布市（11.23%）；以生态用水占比超过 10% 的有阿拉善盟（75.85%）、呼伦贝尔市（39.14%）、乌海市（23.35%）、锡林郭勒盟（14.56%）。

以流域统计：松花江、辽河、海河、黄河四大流域均以农田用水为主，西北诸河流域草场用水相对较多（超过 10%），海河流域工业用水相对较多（超过 10%），松花江流域工业用水（超过 10%）、生态用水量（22.98%）相对较多。

以生态系统统计：森林、草原森林生态系统以农田用水占多数，荒漠生态系统以生态用水占绝对多数。森林生态系统用水较多的类别是农田（51.85%）、生态（23.02%）、工业（11.13%）；草原生态系统用水较多的是农田（72.36%）、工业（8.72%）；荒漠生态系统用水较多的是生态（67.38%）、草场（13.69%）、工业（8.90%）。

将内蒙古自治区的水资源利用情况与自然条件较为接近的新疆维吾尔自治区（下面简称新疆）、河北省（下面简称河北）相比，内蒙古自治区的农业用水和城市环境用水占比均高于其他两地，其他方面的用水情况并未表现出明显特征（图 3-7）。

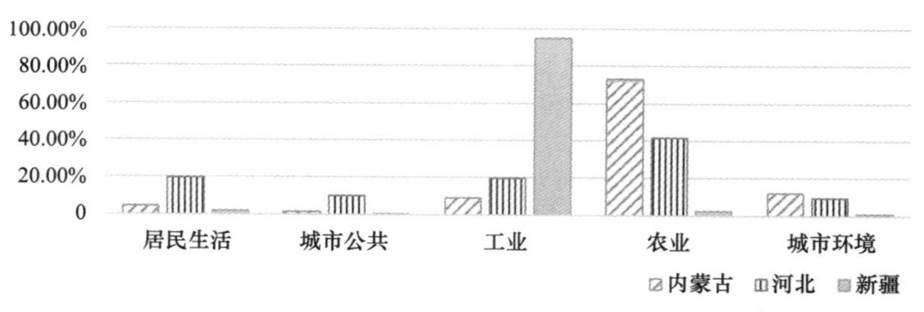

■ 图 3-7 三地用水类别比较图

2016 年，内蒙古自治区用水量占水资源总量比为 44.62%，低于新疆，远高于河北。

从用水项目而言，内蒙古自治区工业用水占总用水的 9.13%，远低于河北和新疆；农业用水占比 73.16%，远高于河北、新疆；居民生活用水、城市公共用水占比分别为 4.15% 和 1.43%，高于新疆，低于河北；城市环境用水占比 12.12%，高于河北和新疆。

从耗水量而言，内蒙古自治区平均耗水率 67.50%，低于新疆和河北；其中农田耗水率 62.17%，低于新疆、河北；工业耗水率 62.83%，低于河北，远高于新疆；生活耗水量高于新疆，与河北持平；林牧渔畜耗水率 73.62%，高于新疆，低于河北。

水资源利用严重超标导致地下水位严重下降，严重干扰了内蒙古自治区生态系统与生态过程的正常运转，造成草场退化、水土流失、湿地衰退等一系列生态后果。例如，由于地下水位急剧下降，在鄂尔多斯遗鸥国家级自然保护区内，遗鸥所依赖的湖泊湿地已经干涸，保护区名存实亡。此外，近年来几乎覆盖自治区全域的普遍大旱更是加剧了生态恶化，加速了草场退化、水土流失、湿地衰退的进程，而内蒙古自治区全境除大兴安岭林区外也普遍存在地下水位持续下降的现象。目前，自治区草原退化、沙化、盐渍化面积近 70%，天然湿地大面积萎缩[1]。一方面，水资源是人类生活、生产最基本和最迫切的资源，水资源短缺已经成为制约内蒙古自治区发展的最大短板；另一方面水资源的短缺也引发了一系列的生态后果，可见，水资源利用与生态保护间尚存在较剧烈的冲突。

3.1.2 一产、二产、三产与生态保护的矛盾

内蒙古自治区以草原、森林、荒漠生态系统为主，是我国北方面积最大、种类最全的生态功能区，也是北方面积最大的农牧业生产区，而广阔的地表之下又蕴藏着丰富的矿藏，自然保护地往往和一二三产存在空间上的高度重叠。

以一产为例，内蒙古自治区同时是我国北方面积最大的生态功能区和农牧业生产区，农村牧区生产生活与生态环境之间具有很强的依存度。一方面，内蒙古自治区是牧业大省，发展牧业所依赖的草场往往与自然保护地边界交叉重叠。与此同时，包括主体功能区、生态保护红线、自然保护地在内的自治区草原大部分已完成确权工作，牧民的生产生活空间和生态保护空间高度交织。另一方面，内蒙古自治区的农业发达，河套平原以盛产粮食而著称，被誉为“塞上粮仓”和“塞北江南”，嫩江平原、西辽河平原、土默川平原、黄河西岸平原等也有大量耕地、良田，耕地也常分布在自然保护地边界内。以锡林郭勒草原国家级自然保护区为例，保护区共有牧民人口 1.5 万人左右，其中核心区内有 700 ～ 800 名牧民。核心区虽然已从 2016 年开始禁牧，但需要锡林郭勒盟每年投

1 内蒙古自治区生态环境保护“十三五”规划。

入4000万元的财政支出用于禁牧的生态奖补。显然，一产的基本诉求与以自然保护区核心区管理为代表的严格人类活动控制间的突出矛盾亟待解决。

以二产为例，作为矿产资源大省，内蒙古自治区全域蕴藏着丰富的矿产资源，许多富有特色甚至国家战略所需的矿产都分布在自然保护地边界之内。如新兴工业城市乌海是为开发丰富的矿藏资源而生的城市，但同时又是国家一级保护植物、中国特有孑遗单种属植物、最具代表性的古老残遗濒危珍稀植物四合木的分布区域。目前设立的四合木国家级自然保护区坐落在乌达煤田和七亿吨级的石灰岩矿床桌子山之间，尤其桌子山的石灰岩矿床，更是乌海市50余万人口的赖以生存的基本生产资料。城市的存亡与珍稀植物的生态保护之间存在明显矛盾。

以三产为例，自然保护地保护着内蒙古最精华、最出众的自然风景资源和珍稀动植物生境，这些区域往往也是为国民提供作为福利的游憩机会的天然载体。目前，依托自然保护地甚至是自然保护区的核心区所开展的旅游活动并不鲜见，如浑善达克沙地柏自然保护区的核心区内，就有少量原住民依托居民点所开展的小规模生态旅游活动，并已进行相应的资金投入；乌拉盖湿地自然保护区内投入数千万的旅游基础设施建设在环保督查下被紧急叫停。显然，三产也与生态保护存在一定矛盾。

此外，自治区一些地区重发展、轻保护，在自然保护区内违法违规开发的问题仍然显著。89个国家和自治区级自然保护区中41个存在违法违规情况，涉及企业663家[1]。一方面是各盟市、旗县对社会经济发展的诉求所导致的人类利用强度提高，另一方面是生态保护所要求的人类干扰程度降低，二者存在不同程度的冲突。

自然生态环境

内蒙古自治区具有重要的生态功能，包括水源涵养、防风固沙和生物多样性保护等。其中，大兴安岭地区同时具备水土保持和洪水调蓄功能，是我国最重要水源涵养地和生物多样性保护区域之一，也是重要的固碳功能区。

内蒙古自治区防风固沙功能突出，是我国抵御蒙古方向沙尘的重要屏障区域，是我国北方重要的生态安全屏障。蒙古荒漠是我国沙尘暴天气的重要沙源地，通过沙尘天气的输沙运沙也是影响我国沙质荒漠化区域的直接因素之一，而内蒙古北接蒙古沙漠地区，正位于受亚洲大陆北方移来的反气旋所带来的沙尘传输的主要路径上。

1 内蒙古自治区生态环境保护“十三五”规划。

内蒙古自治区生态脆弱区包括大兴安岭西麓山地林草交错生态脆弱重点区、阴山北麓荒漠草原垦殖退沙化生态脆弱重点区、鄂尔多斯市荒漠草原垦殖退沙化生态脆弱重点区和西北荒漠绿洲交接生态脆弱区。东北林草交错生态脆弱区中的大兴安岭西麓山地林草交错生态脆弱重点区域，面临天然林面积减小、稳定性下降，水土保持、水源涵养能力降低，草地退化、沙化的问题，主要保护对象包括大兴安岭西麓北极泰加林、落叶阔叶林、沙地樟子松林、呼伦贝尔草原和湿地等；阴山北麓荒漠草原垦殖退沙化生态脆弱重点区域属于北方农牧交错生态脆弱区，草地退化、沙漠化趋势激烈，风沙活动强烈，土壤侵蚀严重，气候灾害频发，水资源短缺；鄂尔多斯市荒漠草原垦殖退沙化生态脆弱重点区域同属北方农牧交错生态脆弱区，气候干旱，植被稀疏，风沙活动强烈，沙漠化扩展趋势明显，气候灾害频发，水土流失严重；西北荒漠绿洲交接生态脆弱区中的贺兰山及蒙宁河套平原外围荒漠绿洲生态脆弱重点区域，土地过垦，草地过牧，植被退化，水土保持能力下降，土壤次生盐渍化加剧，水资源短缺。

产业现状

在产业方面，2015 年，内蒙古自治区全区生产总值为 17831.5 亿元，其中第一产业增加值 1617.42 亿元，第二产业增加值 9000.58 亿元，第三产业增加值 7213.51 亿元，全区三次产业比例为 9 ∶ 51 ∶ 40（表 3–5）。

2015 年全国和内蒙古自治区生产总值统计　　表 3–5

	全国总量	内蒙自治区总量	内蒙自治区总量占全国比	全国平均水平	内蒙古排名
生产总值（亿元）	722768	17831.5	2.47%	23315.10	16
一产增加值	60854.60	1617.42	2.66%	1963.05	18
一产占 GDP 总量的比	8.42%	9.07%	—	8.42%	—
二产增加值	320787	9000.58	2.81%	10348	14
二产占 GDP 总量的比	44.38%	50.48%	—	44.38%	—
三产增加值	341126	7213.51	2.11%	11004.10	19
三产占 GDP 总量的比	47.20%	40.45%	—	47.20%	—
工业增加值	275119	7739.18	2.81%	8874.81	13
工业占 GDP 总量的比	38.06%	43.40%	—	38.06%	—

内蒙古自治区的生产总值在全国处于中等水平。其以第二产业为支柱产业，以第三产业为辅助，以第一产业为补充。在第二产业中，又以工业占绝对优势。

内蒙古自治区第一产业产值占 GDP 比为 9.07%，其中农业产值占第一产值的比重为 51.55%，牧业产值占比 42.19%。以总产值计算，内蒙古自治区农业产值在全国排名第 19 位，牧业排名第 12 位；以农业、牧业在第一产业中的占比计算，农业占比排名第 17 位，牧业占比排名第 4 位。说明内蒙古自治区以农、牧业为主，尤其牧业占比远超全国平均水平，但农、牧业的经济总量在全国都处于中等水平。

第二产业是内蒙古自治区的主导支柱产业。内蒙古自治区矿产资源具有矿产种类多、分布较集中、资源潜力大的特点。截至 2015 年年底，全区已发现矿种 144 种（亚矿种 164 种），占全国发现矿种的 83.72%。其中以煤为主的能源矿产资源优势明显，其中保有资源储量为 4110.65 亿 t，居全国第一位。有色金属和贵金属矿产资源分布集中，有色金属以铜、铅、锌、锡、钼矿为主，贵金属以金、银为主，集中分布于中西部狼山—乌拉山地区和东部的大兴安岭中南段，具有规模化开采的天然禀赋条件。非金属矿产种类繁多，分布广泛，多数可以保证国家与自治区经济发展的需要。

2015 年，内蒙古自治区第二产业增加值占 GDP 比为 50.48%，明显高于全国平均水平 44.38%。从第二产业内部结构来看，重工业占比 70%，而轻工业占比 30%，产业结构发展不均衡。内蒙古自治区第二产业以传统工业为中心，新型工业增加值占比较低，说明内蒙古自治区的第二产业仍是以资源的初、中级加工为主的第二产业。

内蒙古自治区是我国的能源输出大省，2016 年全国发电装机容量各省排名，内蒙古自治区位列第一，其中风电装机容量以 2557 万 kW·h 位列第一，太阳能发电装机容量以 638 万 kW·h 位列第四，火电装机容量以 7609 万 kW·h 位列第四。建成煤制油产能 124 万 t、煤制气产能 17.3 亿 m^3，分别占全国的 52% 和 56%。内蒙古自治区有丰富的清洁能源。70m 高度风能资源技术可发电量位居全国第一，几乎整个内蒙古自治区全境都处于我国太阳能资源较丰富区，尤其内蒙古自治区西部更是我国太阳能资源最丰富地区。

旅游现状

内蒙古自治区第三产业发展相对滞后。旅游业综合效益方面，2015 年内蒙古自治区共接待游客 8542 万人，旅游业总收入 2257.1 亿元，占比第三产业 31.3%，占比 GDP 为 11.8%，带动就业 160 万人。旅游业竞争力方面，目前已有二连浩特市等 5 个旗县区进入“国家全域旅游示范区”创建名单；康巴什旅游景区进入第一批国家旅游度假区候选名单；阿尔山市、巴丹吉林沙漠旅游区等 9 个城市、景区申报创建国际特色旅游目的地，阿尔山市成为“中国国际养生度假旅游目的地”创建单位；呼伦贝尔市与鄂尔多斯市进入首批国家旅游改革创新先行区创建名单；克什克腾世界地质公园被评为“全国研学旅游示范基地”。培育了生态旅游、乡村旅游、文化旅游、康体旅游、研学旅游等一批旅游新业态，建设了一批自驾车（房车）营地。

旅游业发展目前存在的问题：（1）整体欠发达。2015 年全区旅游业总收入居全国 22 位。至 2017 年，全区仅鄂尔多斯成吉思汗陵旅游区、鄂尔多斯响沙湾旅游景区、满洲里市中俄边境旅游区、兴安盟阿尔山・柴河旅游景区共 4 家 5A 级景区，同期全国共 250 家。（2）旅游产品单一，自然观光旅游产品居多，夏季旅游产品多，冬季少。（3）旅游资源开发不充分，拥有草原、森林、湖泊、湿地、河流、沙漠、民族风情等多种资源，但目前更注重草原旅游资源的开发。（4）旅游公共服务水平不高，现代化交通网络尚未形成，旅游配套设施有待完善。

2015 年内蒙古自治区第三产业产值所占的比重为 40.45%，低于全国同期的 47.20%，排名在全国后八名。第三产业中，交通运输、仓储及邮政业、批发和零售业、住宿餐饮总体上占比 48%，代表第三产业发展方向的金融业、房地产、信息传输、计算机服务和软件业增加值占比 20.5%，说明内蒙古自治区传统低端服务业占比较大，服务业现代化程度处于较低水平。

3.1.3　城镇建设发展与生态保护的矛盾

城镇建设发展与生态保护存在矛盾。虽然内蒙古自治区国土面积广袤，且城镇化率高于全国同期，但目前许多城镇的边界与自然保护地的边界有一定的交叉重叠，部分城镇建设边界的不明确也导致自然保护地面临被城镇扩张所蚕食或侵占的威胁。显然，城镇建设发展与生态保护间有一定冲突。

城镇是人类主要的聚居地，对生态环境造成的干扰也相对集中、剧烈。内蒙古自治区的城镇化率普遍高于全国同期，人口向城镇集中的趋势更明显，本应成为生态保护和自然保护地建设的先天优势。但目前，部分城镇建设与生态保护间存在较大的矛盾。如哈腾套海国家级自然保护区，在保护区的核心区内存有约 6000 人口的人类聚居点，不仅给保护区的保护和管理工作带来了极大的阻碍，也极大地制约了该城镇本身的建设和发展。可见，城镇建设与发展所需要的扩张空间与生态保护所需要的空间之间，存在较大的矛盾。

截至 2015 年，内蒙古自治区共有人口 2511 万人，其中城镇人口 1514 万人，乡村人口 997 万人，在全国排名第 23 位；人口密度 21.2 人 / 平方公里，在全国排名第 28 位。总体而言，内蒙古自治区人口数量远低于全国各省平均水平，占全国人口总量的比重较小（表 3-6、图 3-8、图 3-9）。

内蒙古自治区人口数据和全国的比较（数据来源：国家统计局，2015 年）

表 3-6

	年末人口（万人）	城镇人口（万人）	乡村人口（万人）
全国总量	137462	77116	60346
全国各省平均	4422	2500	1921
内蒙古自治区总量	2511	1514	997
内蒙古自治区占全国的比重	1.83%	1.96%	1.65%
内蒙古自治区在全国的排名	23	23	24

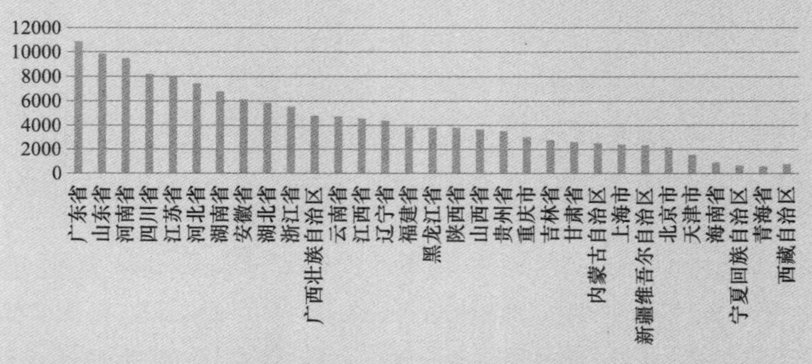

■ 图 3-8 2015 年各省市人口总量（万人）（数据来源：国家统计局，2015 年）

2015 年，内蒙古自治区人口密度为 21.2 人 /km^2，排序全国倒数第四位，仅高于新疆维吾尔自治区、青海省和西藏自治区。人口密度排序倒数第五的甘肃为 57.2 人 /km^2，内蒙古自治区不及其一半。

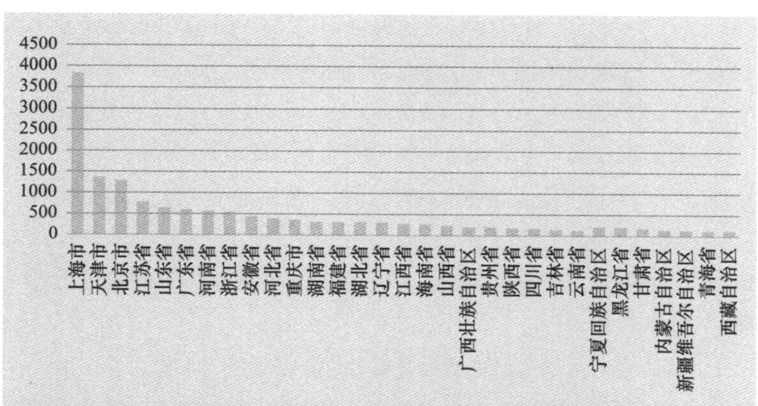

■　图 3-9　2015 年各省市人口密度（人 /km²）（数据来源：国家统计局，2015 年）

在全球尺度，共有 36 个国家 / 地区人口密度小于内蒙古自治区，其中新西兰、北美的人口密度和内蒙古自治区非常接近。由于新西兰和北美都是国家公园和自然保护地体系建设非常成功的国家 / 地区，因此从人口密度而言，内蒙古自治区有构筑国家公园与自然保护地体系的天然优势。

内蒙古自治区各盟市的人口总量、人口密度及城镇体系建设分布不均，人口主要集中在鄂尔多斯市、赤峰市、通辽市、锡林郭勒盟、兴安盟等中部盟市的南部，东西两翼的呼伦贝尔市、阿拉善盟以及中部盟市的北部相对地广人稀。

在全国层面，从 2007-2016 年 10 年间，内蒙古自治区城镇化水平明显高于全国同期平均水平。在自治区层面，东南部较西北部城镇体系密集，但城镇化率较低（图 3-10）。

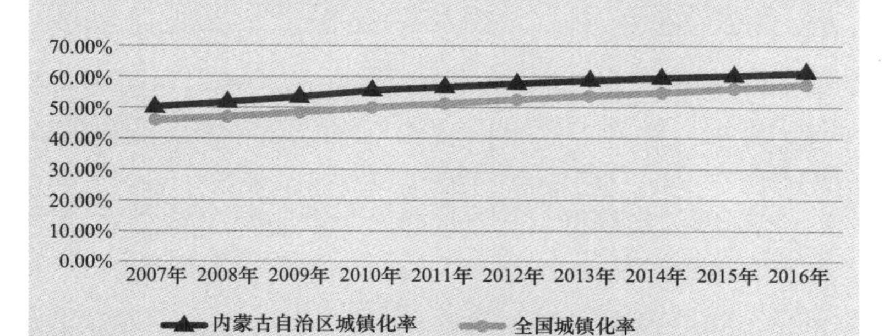

■　图 3-10　2007-2016 年内蒙古自治区城镇化率及与全国城镇化率比较（数据来源：内蒙古自治区统计局）

3.1.4 基础设施建设与生态保护的矛盾

基础设施建设与生态保护存在矛盾[1]。内蒙古自治区是重要的边境省份,有多个口岸和重要交通枢纽,在全国的交通网络中具有较突出的地位。目前，生态保护常常让位于基础设施的建设，因道路等基础设施建设而调整自然保护区边界或核心区的现象屡见不鲜，与生态保护的要求之间存在一定的背离。

内蒙古自治区是连通俄蒙的重要口岸，也是全国拥有口岸最多的省份之一，是丝绸之路经济带上向北开放的重要窗口和东北亚区域合作的中心枢纽之一。呼包鄂榆及通辽、满洲里、二连浩特等多地都在国家交通规划上具有战略地位。同时，以道路为代表的必要性基础设施建设往往也是解决民生问题的最基本要求。但目前，自治区全域多地存在基础设施建设与自然保护地边界相冲突的现象，如哈腾套海国家级自然保护区曾因道路穿越而调整保护区边界，已获批复两年的 S311 线由于需要穿越哈腾套海自然保护区而无法动工；西鄂尔多斯自然保护区与包营铁路的建设用空间上的重叠，铁路需要架设桥梁穿越保护区；边防道路 331 线需要穿越蒙古野驴自然保护区等。当二者产生冲突时，或是基础设施建设避让、停滞，或是自然保护地边界调整，无论何种方式，均带来众多难以协调的问题。

基础设施建设情况

内蒙古自治区在高铁建设方面，现状有张呼高铁乌兰察布至呼和浩特东段和呼鄂尔高铁；“十三五规划”京呼高铁和包银高铁，其中京呼高铁是“十二五”结转高速铁路，包银高铁是“十三五”新建高铁。

在铁路建设方面，规划着力构建以北京为顶点的“倒 A”型快速铁路骨架，西部以“北京—乌兰察布—呼和浩特—包头—巴彦淖尔—乌海”为主通道，东部以“北京—赤峰—通辽—乌兰浩特—齐齐哈尔—呼伦贝尔”为主通道。以“通辽—锡林郭勒—乌兰察布”为东西部连接通道，努力实现自治区主要盟市就近联入国家高速铁路网，形成自治区东西部快速有效连接格局。

在公路建设方面，2016 年年底自治区公路总里程达到 196061km，其中国省干线公路里程为 37923km（国道 20754km，省道 17169km），占 19.34%。自治区公路密度为 0.1657km/km^2。公路总里程中，等级公路占比 96.06%，等外公路占比 3.94%。

1 交通规划数据来自《内蒙古自治区十三五交通专项规划》《内蒙古自治区十三五公路、水路交通发展规划》《内蒙古自治区“十三五”旅游交通公路建设规划》。

在机场建设方面，现状有民用运输机场 19 个，包括 1 个干线机场（呼和浩特 HET）、15 个支线机场和 3 个通勤机场，全部覆盖 12 个盟市。规划到 2020 年民用运输机场总数力争达到 20 个，形成“1 干 19 支 4 个通用群”——西部以阿拉善左旗机场为中心、东北部以海拉尔机场为中心、东南部以锡林浩特机场为中心、西南部以鄂尔多斯机场为中心 4 个通用机场群。

内蒙古自治区交通运输发展存在以下几个问题：（1）交通运输基础设施总量仍显不足，结构性矛盾仍较突出。公路网密度仅为全国平均水平的 1/3，高等级公路仅占公路总里程的 14.7%；自治区高速公路骨架网尚未建立，自治区公路网区域发展差异明显，各盟市公路交通设施发展不平衡。(2)交通发展的资金需求与供给矛盾越发突出，公共财政的保障明显不足。随着经济发展转型和煤炭需求减少，自治区经济发展受到明显冲击，各级政府财政收入走低，公路建设的财政配套资金筹措压力凸显。（3）运输服务水平亟待提高，各运输方式间的有效衔接不足，公共交通服务尚未得到有效满足。全区综合交通运输体系发展尚处于初期阶段，区域、城乡之间交通运输发展不协调，各种运输方式之间有效衔接尚不顺畅。

3.1.5　国家战略空间落位与生态保护的矛盾

国家战略空间落位与生态保护存在矛盾。内蒙古自治区是国家重要能源基地、稀土生产基地和风能、太阳能资源的开发重点区域。上述国家战略在内蒙古各盟市的空间选址与已有自然保护地和生态保护的潜在重要区域存在一定冲突。

内蒙古自治区在能源、矿产资源方面的先天禀赋出众。内蒙古自治区是我国重要的矿产资源大省，全区已发现矿种占全国发现矿种的 83.72%，其中 43 种矿产的保有资源储量居全国前三位，其中天然气、煤、铅、锌、银、铌、锗、普通萤石、晶质石墨等矿产是自治区的优势矿产；在国家战略定位中，内蒙古自治区是全国重要的能源基地之一，是全国风能和太阳能资源开发重点区域之一，其中，锡盟地区、内蒙古东部地区、内蒙古西部地区是能源开发利用的集中区域。内蒙古自治区清洁能源储量丰富,已成为我国的能源输出大省。作为国家的清洁能源输出基地、现代煤化工生产示范基地、有色金属生产加工基地，自治区产业结构仍以煤炭、电力、煤化工等能源资源型为主，对资源的依赖依然偏重[1]。

矿产资源的开采对于生态保护的影响显而易见。从直接影响而言，矿坑的开挖会破坏土地肌理和地形地貌，造成较大的生态干扰，占自治

1　内蒙古自治区生态环境保护“十三五”规划。

区的矿产大多数的露天开采矿，因其施工作业面更大，对表土层的破坏也更明显；从间接影响而言，矿产资源的开采和利用要消耗大量的水资源，在一定程度上干扰了水循环，影响了水作为主要生态因子的生态过程。

现代煤化工生产示范基地、有色金属生产加工基地等重工业基地的建设也对生态保护有着较明显的影响：其直接的影响表现在高强度、大规模的人类活动和一定程度上的工业污染，间接的影响表现在对水资源的大量需求。清洁能源基地的建设对生态保护的干扰则主要体现在建设和运行阶段：在建设阶段，施工道铺设、设施设备运输和调试安装等都有较大的干扰；在运行阶段，风电装置产生的巨大噪声，光电装置电池制冷耗费的大量水资源，也对生态环境产生一定干扰。

一方面，内蒙古自治区的能源基地在国家能源战略上占据重要地位，但矿产资源的开采、能源基地的建设又带来高强度、大规模的人类干扰，以及对水资源的巨大需求，导致一系列生态后果。另一方面，自治区作为北方生态安全屏障在维护国家生态安全格局上有至关重要的作用。内蒙古东部地区的呼伦贝尔草原和大兴安岭森林生态系统、内蒙古西部的巴丹吉林沙漠和荒漠生态系统、锡盟地区的锡林郭勒草原和温带草原生态系统都具有世界级的生态价值和影响力。目前，生态保护与国家能源战略已经出现一定冲突。例如，乌海市西鄂尔多斯自然保护区乌海辖区核心区西为乌达煤矿、东为石灰岩成矿带。西鄂尔多斯自然保护区主要保护对象四合木是中国特有孑遗单种属植物、国家一级保护植物，是生态保护的重要区域之一，但与乌海新兴工业城市的定位有所矛盾，其生境分布也与众多矿产资源冲突。因此，在进行国家战略定位的空间落实工作时，应充分考虑生态保护需求，权衡划定。

3.2　问题二：自然保护地体系构建不系统

内蒙古自治区尚未形成功能明确、布局合理、整体性强、系统性高的自然保护地体系。

其一，保护对象不全面。现有各类自然保护地尚未覆盖所有具有保护价值的保护对象，存在大量空缺，在荒漠生态系统保护、湿地保护等方面空缺尤为明显。

其二，保护面积不充分。内蒙古自治区全域的自然保护地总面积占自治区国土面积比重、自然保护区总面积占比、国家级自然保护区总面积占比均低于全国平均水平，部分自然保护地也存在面积不足现象。这与内蒙古自治区重要生态价值和生态战略地位不匹配，也不足以支撑其生态系统服务功能。

其三，空间布局不均衡。按生态地理区划可将内蒙古自治区全境划分为 3 大区、12 小区，反映内蒙古自治区全域较为明显的生态背景差异，各小区均应得到充分保护。目前自然保护地空间布局失衡，体现在各生态地理区内自然保护地面积占比失衡、部分生态地理区内自然保护地占比严重不足，以及自然保护地之间缺乏联系，难以构成生态屏障。

3.2.1　保护对象不全面

内蒙古自治区自然资源丰富，在地质地貌、水文系统、生态系统和生物多样性等方面均具有突出价值，在自然保护方面表现出资源禀赋出众、保护对象众多的天然优越性。但现有的自然保护地未能覆盖所有具有保护价值的保护对象，存在大量保护空缺。

仅以内蒙古自治区西部的阿拉善盟地区为例。阿拉善盟地区是古代珍稀孑遗种的集中分布区，分布有沙冬青、四合木、霸王等重要古老植物种；阿拉善盟地区的古地层有重要的地质科考价值，被誉为地球地质演化的“史书”。其中具保护价值的地质类资源有沙漠、湖泊、戈壁等；阿拉善盟地区还分布着诸多珍稀濒危野生动物，包含蒙古野驴、盘羊、岩羊和黄羊等。但阿拉善盟地区在自然保护地建设上却存在众多空缺：

（1）在地质类资源保护方面，阿拉善盟建有巴丹吉林自治区级自然保护区与巴丹吉林湖泊自治区级自然保护区，但两者的保护对象均只包含了沙漠湖泊与高大沙丘，未能涵盖流沙和其周围的荒漠戈壁。此外，整个阿拉善地区也并未建立以流沙及荒漠戈壁资源为保护对象的自然保护地，存在保护空缺；

（2）在野生动物资源保护方面，阿拉善盟北疆的大片区域为蒙古野驴与蒙古野骆驼的栖息地，其保护价值之高致使与该区域接壤的蒙古国专门建立了野骆驼自然保护地，但目前我国在该区域尚未设立任何自然保护地，存在保护空缺。

3.2.2　保护面积不充分

据不完全统计，内蒙古自治区自然保护地总面积为 15.31 万 km^2，占内蒙古自治区国土总面积的比重约为 12.94%，而全国的自然保护地面积占国土总面积的比重约为 18%，未达全国平均水平。其中，自然保护区总面积为 12.7 万 km^2，占内蒙古自治区国土面积的比重约为 12.8%，也低于全国 14.8% 的平均水平；国家级自然保护区占比为 3.6%，远低于全国平均水平的 9.8%。自治区 12 个盟市中，包头市（3.22%）、乌兰察布市（3.83%）、巴彦淖尔市（5%）的自然保护区面积占比均在 5% 以下，而具有较高保护价值和保护意义的呼伦贝尔市与阿拉善盟的占比也分别仅有 14.67%、11.64%，均未能达到全国平均值。

具体而言，保护面积不充分主要体现在以下几个方面：

（1）内蒙古自治区东部是以森林生态系统为本底资源的区域，在森林生态系统本底资源的保护上存在面积不足的缺陷。此外，在湿地保护、冰缘地貌保护等方面也存在保护空缺；

（2）内蒙古自治区中部是以大面积草原生态系统为本底资源的区域，首先是对于草原的完整性保护不足，未能构筑起连续的北部生态屏障；其次是部分自然保护地面积过小，如锡林郭勒草原国家级自然保护区未将对生态系统至关重要的锡林河源头纳入保护区范围之内，保护面积不充分；

（3）内蒙古自治区西部是以荒漠生态系统为本底资源的区域，存在部分自然保护地面积较小、未能全面涵盖保护对象的现象，如额济纳旗胡杨林国家级自然保护区以国家二级保护植物胡杨为保护对象，但目前胡杨林的实际分布面积远大于保护区的面积，大量长势较好、具有保护价值的胡杨林分布在保护区范围之外。

3.2.3 空间布局不均衡

生态地理区划是按照自然界的地理地带性分异规律，将气候、土壤、地形、植被等代表宏观生态系统的生物和非生物要素划分或合并而形成的不同等级的区域系统，是宏观生态系统地理地带性的客观表现[1]。

郭子良[2]等人以地貌区划和植被区划作为主要依据，以气候区划、土壤区划和动物地理区划等为辅助依据，在全国尺度进行了自然保护综合地理区划，本次生态地理区划沿用郭子良等人的自然保护综合地理区划。

生态地理区划可以反映内蒙古自然资源特征分异与空间分布，为自然保护地的规划布局，自然保护地体系的建设提供科学依据。

按生态地理区划，内蒙古自治区全境可分为 3 大区、11 小区，各生态地理分区虽然存在生态系统特征和生态服务功能的差异，但都具有同等重要的保护价值。

3 个生态地理大区分别是：

A 东部大兴安岭森林大区：占内蒙古总面积的 24%，主要为森林生态系统，生态环境质量整体较好。沿大兴安岭分为北、中、南共 3 个分区。

1，2 郭子良，崔国发．中国自然保护综合地理区划［J］．生态学报，2014，34（05）：1284-1294.

B 中部内蒙古高原草原大区：占内蒙古总面积的 46%，主要为草原生态系统和农田生态系统，生态环境质量整体一般。依据地貌等自然条件分为 5 个分区。

C 西部阿拉善荒漠大区：占内蒙古自治区总面积的 30%，主要为荒漠生态系统，生态环境质量整体较差。依据地貌等自然条件分为 3 个分区，其中西部两个分区与阿拉善盟地理位置基本重叠。

由此，内蒙古自治区可分为 11 个生态地理分区：A1 大兴安岭北段山地落叶针叶林区，A2 大兴安岭中段针阔混交林区，A3 大兴安岭南段森林草原区，B1 西辽河平原及周边山地草原与针阔叶混交林区，B2 呼伦贝尔高原草原与湿地区，B3 内蒙古高原东部草原区，B4 鄂尔多斯高原草原与荒漠草原区，B5 晋北中山盆地落叶阔叶林与草原区，C1 乌兰察布高原草原与荒漠草原区，C2 阿拉善高原东部低地草原化荒漠与灌木化荒漠区，C3 阿拉善高原及河西走廊荒漠区。

因此，各生态地理区内的自然保护地在面积占比和空间分布方面都理应表现出大致均衡的态势。但目前，却表现出明显的失衡现象（图 3–11）。

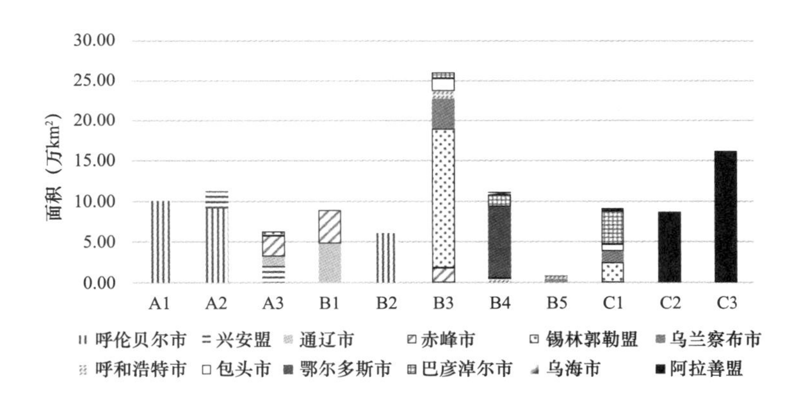

■　图 3–11　生态地理分区内各盟市所占面积统计图

首先，内蒙古自治区不同生态地理区内自然保护地的面积占比失衡明显，部分生态地理区的自然保护地面积占比严重不足。

其次，内蒙古自治区全境的自然保护地在空间分布上存在布局失衡的现象，各自然保护地之间联系性较弱，未能形成连续的生态屏障。为了更好地维持生态系统稳定及发挥生态系统的服务功能，内蒙古自治区全境的自然保护地之间应形成相对紧密、有机的联系，以形成连续的生态屏障，但现状保护地布局零散，彼此之间并未能形成有效的联系，更未能形成连续性的生态屏障。

以内蒙古自治区中部为例，中部偏北一带出现保护真空现象，保护地间的连续性不足，阻碍了保护区内、保护区与保护区之间的野生动物迁徙。同时，内蒙古自治区境内的自然保护地与邻近国家的自然保护地也缺乏有效联系。例如，为更好地保护中、俄、蒙三国联合设立的“达乌尔国际自然保护区”，俄罗斯的“达乌尔斯克国家级自然保护区”和蒙古的“蒙古达乌里国家级自然保护区”已实现边界连接，且俄方已主动将“达乌尔斯克国家级自然保护区”边界接壤中国边境，试图寻求中方的联合保护，但我国的“呼伦湖国家级自然保护区”却与两者分开，使得三个国家合作受阻，导致“呼伦湖国家级自然保护区”在达乌尔国际自然保护地体系中成为孤岛。

3.3 问题三：保护管理技术方法不科学

内蒙古自治区自然保护地保护管理理念、技术方法、技术手段尚有很大提升空间。保护管理技术方法不科学的问题体现在以下方面。

其一，边界划定不合理。体现为（1）保护不全面，部分重要的价值较高的区域没能得到有效保护；（2）界线不清晰，很多自然保护区的界线不清或实际管控边界与批准边界存在较大偏差；（3）划定不科学，多个自然保护区内将工矿点或人口密集的村镇划入保护区；（4）部分自然保护区与其他类型的保护地存在边界交叉重叠。

其二，功能分区不适宜。体现为（1）部分自然保护区核心区为未能覆盖保护对象，未对保护对象提出必要保护措施；（2）部分自然保护区核心区内存在村镇等人口聚集区、工矿点等；（3）区划更新不及时，功能分区已不能反映生态系统发生的变化，或保护对象已不存在。

其三，保护措施不科学。体现为部分自然保护地未能充分认识生态系统特征和原理，采取的保护措施不科学，导致未能取得预期的保护效果，甚至事与愿违。

其四，资源利用水平低。主要表现为（1）旅游活动未能有效体现资源价值，未能通过高水平的解说教育全面并充分地展示自然资源的价值；（2）旅游项目和体验方式单一，部分体验方式层次较低，与资源价值不匹配；（3）旅游设施建设水平较低；（4）旅游活动对地方经济和社会发展的带动作用有限。

3.3.1　边界划定不合理

内蒙古自治区的自然保护区普遍存在边界划定不合理的现象。调研团队对内蒙古全域的 350 个自然保护地管理单位工作人员发放了调查问卷，在本次回收的 197 个自然保护地管理单位（以下简称“本次调查问卷”）中有 76 个自然保护地管理单位存在边界划定不合理的问题，占问卷调研总量的 42.46%。

边界划定不合理的问题体现在以下方面：

（1）保护不全面，部分重要的价值较高的区域没能得到有效保护。本次调研问卷显示有 34.21% 的自然保护地划入不具有保护价值的用地，而 18.42% 的自然保护地没有将真正保护价值的保护对象纳入管理范围。

（2）界线不清晰，很多自然保护区的界线不清或实际管控边界与批准边界存在较大偏差。如辉河自然保护区，上报的自然保护区边界和实际管理范围不一致；阿拉善国家地质公园以及以此为基础申报的世界地质公园的界线均不清晰，实际管理范围为旅游景区。

（3）划定不科学，多个自然保护区将工矿点或人口密集的村镇划入保护区。本次调查问卷显示，划定不科学的主要表现为划入过多的牧业用地（60.53%）和人口密度过大的乡村地区（46.05%），也有部分划入过多耕地（34.21%）、城镇用地（28.95%）、基础设施用地（31.58%）、矿产石油等开采性用地（19.74%）。例如，内蒙古哈腾套海国家级自然保护区为避让新建道路，将核心区一分为二，但又为保证核心区面积不变，将保护区东面接近 6000 人口的村镇划入了核心区。

（4）部分自然保护区与其他类型的保护地存在交叉重叠。如贺兰山国家级自然保护区内有两处森林公园，哈素海水利风景区范围与哈素海国家级自然保护区重叠，二连盆地白垩纪恐龙国家级地质公园与二连盆地恐龙化石省级自然保护区重叠等。

3.3.2　功能分区不适宜

内蒙古自治区的自然保护区普遍存在功能分区不适宜的现象，在本次调研问卷涉及的 179 个自然保护地中，管理单位工作人员认为存在功能分区不合理现象的有 73 个自然保护地，占总问卷量的 40.73%（图 3–12、图 3–13、表 3–7）。

自然保护地功能分区不适宜的问题主要表现为以下四点。（1）部分自然保护区核心区与保护对象的空间分布范围不能完全重合。本次问卷调查显示，自然保护地核心保护区面积过大、过小的情况占 24.66%；

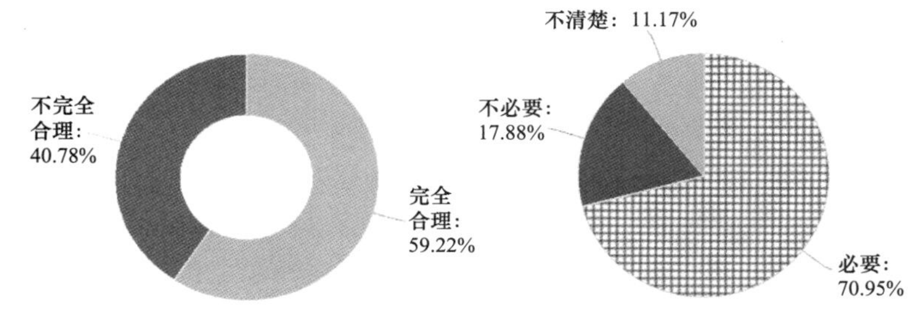

■ 图3-12 管理机构工作人员对自然保护地分区合理性的认知（N = 197）

■ 图3-13 管理机构工作人员对调整自然保护地边界分区的必要性认知（N = 197）

管理机构工作人员对自然保护地分区不合理的表现认知（N = 73） **表3-7**

分区划定不合理的表现	小计	比　例
分区面积与比例不当	18	24.66%
分区界限不合理	39	53.42%
分区政策不科学	27	36.99%
分区政策不可行	40	54.79%
其他	12	16.44%
有效填写人次	73	

自然保护地与保护对象分布范围或物种栖息地范围有出入的情况占53.42%。（2）部分自然保护地核心保护区内存在村镇等人口聚集区、工矿点等。本次问卷调查显示，分区保护管理政策缺乏可行性的情况占53.79%。（3）部分自然保护地的分区管理政策不科学，未能根据保护对象的要求制定适宜的管理政策，例如部分自然保护区核心区不应该实行禁牧政策。本次问卷调查显示，该类情况占问卷调研总量的54.79%。（4）分区调整机制不合理，目前的自然保护地边界或分区调整的流程和机制较为复杂，可操作性较低。本次问卷调查显示，70.95%的自然保护地管理单位工作人员认为，有调整边界或分区的必要性。

例如达里诺尔国家级自然保护区是中国北方重要的候鸟迁徙通道，也是候鸟重要的集散地之一，但目前达里诺尔湿地的5个核心区中，已有1个核心区完全处于无水状态，已完全失去了保护对象和保护价值。再例如浑善达克沙地柏省级自然保护区的主要保护对象为浑善达克沙地柏，然而核心区以外的众多区域也分布有沙地柏群落，均未列入核心保护区内。此外，乌梁素海自然保护区、蒙古野驴自然保护区、乌海的四合木保护区等都存在核心区划定不合理的情况。

3.3.3　保护措施不科学

由于对资源本底的了解不够充分、未能充分认识生态系统特征和原理、政策制定不够合理等原因，内蒙古自治区多处自然保护地存在保护措施不科学的现象，虽然耗费大量的人力、物力、财力进行保护，但是未能取得预期的保护效果，甚至造成事与愿违的后果。

例如内蒙古自治区的荒漠生态系统，降水量较少且蒸发量较大，水资源稀缺。因此在无人工干预的自然状态下，仅适合荒漠植物生长。但目前多处荒漠生态系统中开展了人工造林活动，选用需水量较大、蒸腾作用较强的乔木进行荒漠绿化，导致水资源消耗速度增加、地下水位下降等生态恶果。例如拥有“国际重要湿地”头衔的鄂尔多斯遗鸥国家级自然保护区，地处荒漠生态系统，但鄂尔多斯每年开展大量的植树造林活动，无疑加剧了水资源的耗费，影响了区域生态系统的稳定，使遗鸥栖息地与繁殖地生境出现巨大变化：1987-2003 年，湿地面积保持 6 ～ 8km^2，到 2003 年湖面萎缩至 0.3km^2，湖泊湿地严重退化，遗鸥数量剧减。

本次调研问卷显示，有 75.98% 的内蒙古自治区自然保护地工作人员认为有修订自然保护地管理条例的必要性。其中，自然保护区和水利风景区对修订管理条例的需求较高，分别占据问卷量的 40.86% 和 41.46%。

3.3.4　资源利用水平低

资源利用水平低，体现为以下四个方面。

（1）旅游活动未能有效体现资源价值，未能通过高水平的解说教育全面并充分地展示自然资源的价值。

根据本次调研问卷，内蒙古自治区有一半的自然保护地管理机构未开展解说教育工作（49.72%），而有 46.93% 的保护地具有开展解说教育的必要性。自然保护地管理机构的行政级别越低，其解说教育的开展程度越低（图 3-14）。在盟市级、旗县级自然保护地中，未能开展但有必要开展解说教育的自然保护地分别占到了 85.71% 和 92.86%。解说教育工作开展的不足，既是因为部分管理者对自然资源的价值认识不到位，也是因为缺乏相应的资金和技术支持，但结果都是不能完全展现和宣传自然资源的价值，不能发挥自然资源本应具有的吸引力（图 3-15）。

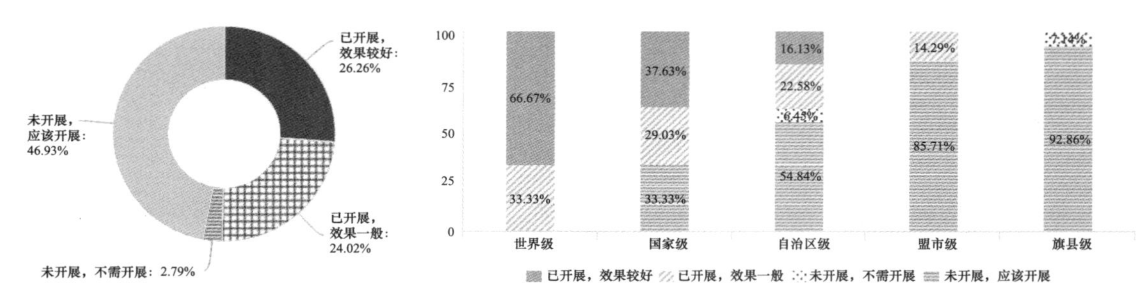

■ 图 3-14 调研自然保护地解说教育工作的开展情况（N = 197）

■ 图 3-15 调研自然保护地行政级别与解说教育工作开展情况的分析（N = 197）

（2）旅游项目和体验方式单一或不当，部分体验方式层次较低，与资源价值不匹配。

以阿拉善地区为例，目前旅游项目以观光游为主，在巴丹吉林沙漠、腾格里沙漠开展的沙漠体验活动以沙漠腹地的探险体验为主，引入大量越野车和沙漠越野车。这样的体验方式短期内带来了较高的客流量，但管理水平却未能与之匹配，导致目前的沙漠探险对沙漠腹地的高质量荒野地形成了极大威胁。类似的体验方式，很难让游客对沙漠地区极具代表性的生物多样性价值、生态系统服务价值等形成正确认知，与资源价值不匹配。

（3）旅游设施建设水平较低。

目前的旅游设施建设水平仍然处在较低水平，其规划、设计及建造水平不足以适应新时代的需要，存在建造水平较低的重复建设现象，对资源的完整性形成威胁。

（4）旅游活动对地方经济和社会发展的带动作用有限。

目前所开展的旅游活动，未能充分带动地方经济发展和社会发展。地方未能充分认识到自然资源的价值并发掘自然资源的独特性，未能开展高水平，高知名度，高经济效益的旅游活动。

3.4 问题四：保护管理体制保障不到位

自然保护地管理体制保障不到位主要体现在以下 5 个方面。

其一，保护地管理事权划分不清晰。目前大多数自然保护地由地方政府负责管理，基层保护地管理单位任务繁重，但并未得到与其责任和义务相匹配的政策支持，存在责权错位的现象。

其二，保护地管理机构设置不规范。基层保护地管理单位的设置情况多样，其行政级别、上级主管部门、人员编制和管理权限均存在较大差异。同时，“一地多名、批而不建”的情况也影响了自然资源的保护管理成效。

其三，保护地资金投入和支出结构不合理。自然保护地的投入来源主要包括中央财政、地方财政、民间资助、银行贷款和其他来源等。资金渠道较多，但专项资金来源不稳定，资金的实际使用条块分割严重，部分自然保护地因上级主管部门无实际资金投入而存在“只建不管”的现象。支出结构方面，用于保护监测项目和社区共管方面的资金比例明显偏低。

其四，保护地管理人员配备不足。主要包括：管理人员编制不足，人均管护面积过大；部分保护地实际在岗人员数量严重低于编制数；专业技术人才缺乏，后备人才储备不足。

其五，保护地生态补偿机制不健全。目前尚未从生态系统服务功能的角度进行补偿计算和资金分配，没有将地方政府履行的生态保护职责转化为财政政策支持，社会机构购买生态服务的工作机制尚处于初试阶段。

3.4.1　保护地管理事权划分不清晰

对于自然保护地的管理事权，中央政府、自治区政府、地方政府、保护地管理单位之间的责权划分尚不清晰。当前地方政府和基层自然保护地管理单位的工作责任重大，但并未得到与之相匹配的政策支持，管理机构设置、人员编制、资金投入、执法权限、规划审批和特许经营等方面都存在责权错位现象。在现实情况中，往往是县级政府下设的科级单位在管理国家级和自治区级自然保护地，但却无法获得国家层面或自治区层面的人员编制与资金支持，在客观上条件上影响了地方政府建立高级别自然保护地的工作基础。

3.4.2　保护地管理机构设置不规范

首先，内蒙古自治区各类自然保护地的管理单位应是政府主管部门的派出机构，属于行政执法机构，但在行政级别、人员编制、上级主管部门、管理权限上存在较大差异。同时，机构设置不健全的现象较为普遍，“多头管理、一地多名、批而不建”的情况也直接影响了自然资源的保护管理效率（表 3-8）。

自然保护地管理机构设置问题调查情况反馈表 **表 3-8**

问题选项	选择数量	选择比例（%）
缺少独立的管理机构，存在“多块牌子，一套人马”的现象	48	26.82
缺少独立的管理机构，由地方政府代管	22	12.29
缺少独立的管理机构，目前无人管理	10	5.59
有独立的管理机构，无以上问题	99	55.31

注：本次规划对自治区 179 处自然保护地管理单位进行了问卷调查，获得以上反馈。

按照自然保护地管理单位的行政级别划分，涵盖副厅级事业单位（如内蒙古大青山国家级自然保护区）至股级事业单位（如内蒙古扎兰屯秀水国家湿地公园），级别差异较大，部分国家级自然保护地管理单位的行政级别过低（图 3-16）。另外，根据自然保护地所在地区的社会经济水平，保护地管理单位还分为全额拨款和差额拨款事业单位。由于行政级别和类型的差别造成保护地管理单位的协调能力、人员编制、资金投入存在很大差异，而且行政级别并不能严格反映保护地范围内自然资源的重要性和典型性。

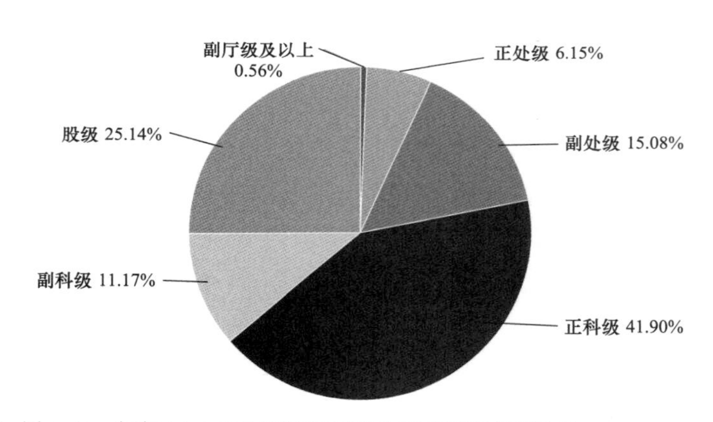

■ 图 3-16 自治区 179 处受访保护地管理单位行政级别统计图

按照自然保护地上级主管部门划分，主要由属地人民政府、各级资源主管部门（林业、水利、环保、国土、住建、农牧等）和内蒙古大兴安岭重点国有林管理局负责管理，图 3-17 反映了林管局管辖自然保护地情况。其中，林业部门管理的保护地数量比重最大，包括大多数的自然保护区、森林公园、湿地公园和沙漠公园等。各级管理机构依照职能划分对自然保护地进行管理，但仍会因部门利益而有所偏重，例如在自然保护地范围内开垦农田、设立渔场、修建大规模游憩设施等。

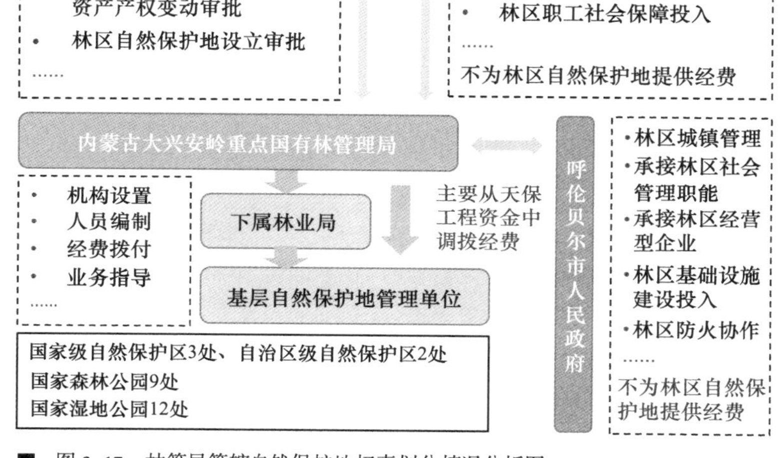

■ 图 3-17　林管局管辖自然保护地权责划分情况分析图

“一地多名”情况尚未得到纠正，据统计，自治区境内有 60 余处自然保护地存在空间交叉重叠。“批而不建”的情况同样使保护地管理的严肃性和权威性受到挑战，例如额尔古纳国家级风景区（2017 年，全国第九批）至今没有建立管理机构，标定保护边界（表 3-9）。

额尔古纳市自然保护地管理机构设置情况表　　　　表 3-9

自然保护地名称	自然保护地类型	管理单位名称	管理单位类型
内蒙古额尔古纳国家湿地公园	国家湿地公园	额尔古纳市国家湿地公园管理局	额尔古纳市人民政府直属正科级事业单位

续表

自然保护地名称	自然保护地类型	管理单位名称	管理单位类型
额尔古纳国家城市湿地公园（一地多名）	国家城市湿地公园（第十批）	额尔古纳市国家湿地公园管理局	额尔古纳市人民政府直属正科级事业单位
额尔古纳风景名胜区（批而不建）	国家级风景名胜区（第九批）	额尔古纳市风景名胜区管理局	额尔古纳市人民政府直属正科级事业单位
内蒙古额尔古纳国家级自然保护区	国家级自然保护区	内蒙古额尔古纳国家级自然保护区管理局	内蒙古大兴安岭重点国有林管理局直属正处级事业单位
额尔古纳湿地自然保护区	自治区级自然保护区	额尔古纳市湿地自然保护区管理局	额尔古纳市人民政府直属正科级事业单位

3.4.3 保护地资金投入和支出结构不合理

目前，自然保护地的投资来源主要有中央政府、林业部门、地方财政、民间资助、银行贷款和其他来源（保护地管理单位创收）等。总体而言，资金来源渠道较多，但在法律上缺少相关规定，导致专项建设资金来源不稳定。其次，在制度设计上缺少统筹安排，造成资金的实际使用条块分割严重，用于保护地日常管理和能力提升的经费不充足。同时，部分自然保护地因上级主管部门无实际资金投入出现“只建不管”的情况，例如额尔古纳市设立的室韦自治区级自然保护区，其管理机构空缺，现由林管局下属林业局负责最低限度的日常管护（表 3–10、图 3–18）。

自然保护地资金投入情况调查反馈表 **表 3–10**

资金来源	选择数量	选择比例（%）
中央财政	55	30.73
自治区财政	19	10.61
盟市财政	14	7.82
旗县财政	61	34.08
社会渠道（基金会、企业和个人捐赠等）	3	1.68
市场渠道（门票、特许经营收入等）	13	7.26
其他	61	34.08

注：本次规划对自治区 179 处自然保护地管理单位进行了问卷调查，获得以上反馈。

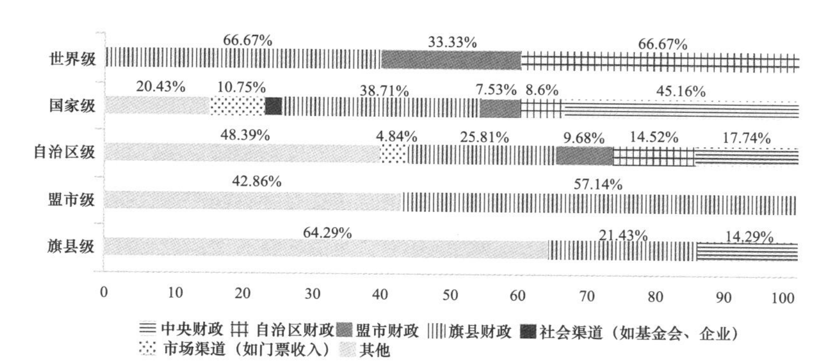

■ 图 3-18　自然保护地级别与获得资金来源情况对比分析

在经费支出结构中，保护地基础设施建设、人员工资、办公事业费所占比重较大，对于保护监测项目和社区共建方面的投入明显不足。在客观条件上，降低了保护地自然资源本底动态监测和区域保护地网络建构的可实施性，不利于促进保护地管理的科学性和有效性（图 3-19、图 3-20）。

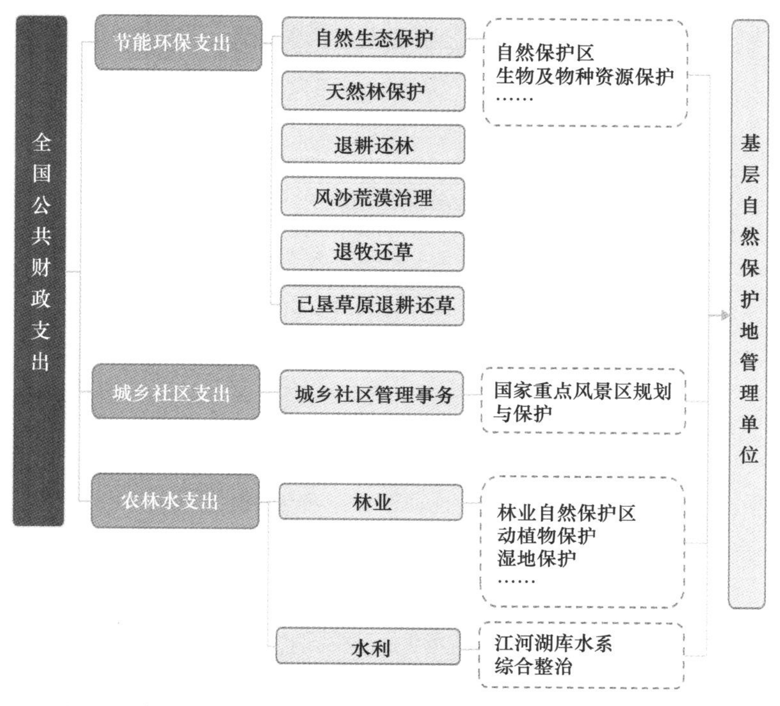

■ 图 3-19　各级自然保护地可以“争取”的公共财政投入专项资金示意图

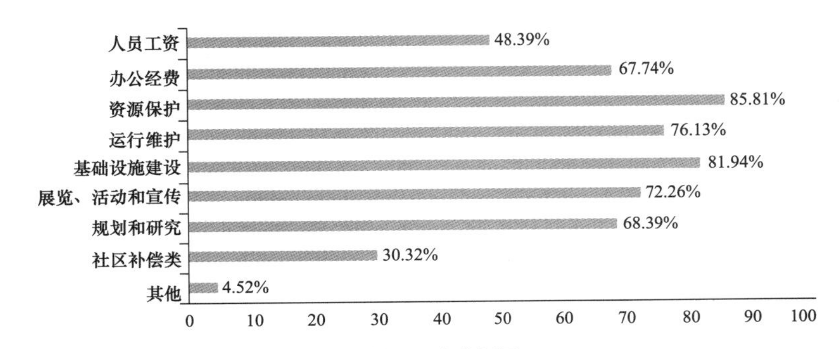

■ 图 3–20 自然保护地经费支出缺口用途分析图
（155 处受访自然保护地管理单位反馈，以上各项支出存在资金缺口）

3.4.4 保护地管理人员配备不充足

保护地管理人员配备问题体现在三个方面。一是管理人员编制不足，人均管护面积过大，保护地管理单位只能维持最基本的管护工作，保护专项工作的开展需要协调大量外部资源。二是管理人员上岗竞争机制不健全，部分保护地的实际在岗人员低于半数，进一步增加了用人压力。三是缺少专业技术人才，由于自然保护地多处于条件艰苦的偏远地区，引进和留住高学历的优秀人才较难，从保护地管理单位内部储备技术人才则需要长时间的积累和经费持续支持，目前自治区层面尚不具备成体系的保护地人才培养支撑机制（表 3–11、图 3–21）。

自然保护地管理人员配备问题调查情况反馈表 **表 3–11**

问题选项	选择数量	选择比例（%）
缺少人员编制	125	69.83
缺少实际在岗人员	92	51.40
缺少专业技术人员	147	82.12
缺少青年人才	82	45.81
缺少热爱自然保护事业的人	49	27.37
其他	9	5.03
没有以上问题	18	10.06

注：本次规划对自治区 179 处自然保护地管理单位进行了问卷调查，获得以上反馈。

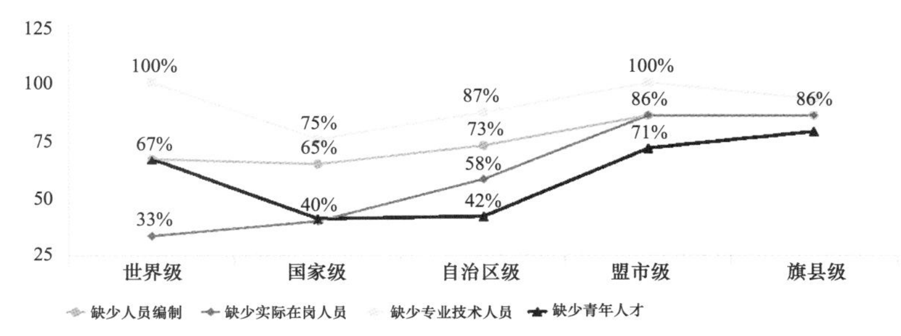

■ 图 3-21 自然保护地级别与人员空缺情况对比分析

以大兴安岭汗马国家级自然保护区为例，保护区总面积 10.7 万 hm^2，核定编制 81 人，其中管护人员 41 人，但合理的管护人员估算为 282 人。该保护区是“世界人与生物圈网络”成员，保存有完整的寒温带原始明亮针叶林，由于自身科研力量不足，保护区管理局对于原始森林生态系统的健康度和稳定性监测、研究工作仍处于基础阶段，无法对冻土层厚度、保护动物栖息地时空分布进行定量研究（表 3-12）。

部分林区自然保护地人员编制情况表 **表 3-12**

名称	面积（hm^2）	编制数量	实有编制职工	实有管理人员	实有管护人员数量	合理管护人员估算
大兴安岭汗马国家级自然保护区	107348	81	81	40	41	282
额尔古纳国家级自然保护区	124527	81	58	39	19	328
毕拉河国家级自然保护区	56604	87	52	40	12	149
满归阿鲁自治区级自然保护区	64386	116	41	41	78	169
奎勒河自治区级自然保护区	69634	32	28	10	60	183
根河源国家湿地公园	59060	80	41	41	68	155
图里河国家湿地公园	5413	95	25	14	11	14
牛耳河国家湿地公园	17525	50	13	13	20	46
绰源国家湿地公园	5284	23	8	8	40	14
伊图里河国家湿地公园	6015	15	15	15	9	16
甘河国家湿地公园	3965	35	10	10	8	10
卡鲁奔国家湿地公园	6773	33	33	33	18	18
库都尔河国家湿地公园	5776	31	22	22	12	15

续表

名称	面积（hm^2）	编制数量	实有编制职工	实有管理人员	实有管护人员数量	合理管护人员估算
阿尔山哈拉哈河国家湿地公园	4139	28	4	4	4	11
绰尔雅多罗国家湿地公园	2234	56	56	45	11	6
满归贝尔茨河国家湿地公园	5608	25	8	8	4	15

依据《内蒙古大兴安岭林区森林资源管护管理办法》，保护地按照每人管护 380hm^2 进行测算。

3.4.5 保护地生态补偿机制不健全

内蒙古自治区自然保护地生态补偿机制不健全，主要体现在补偿渠道不健全和计算方式不科学两个方面。

首先，自然保护地获得的生态补偿主要来源于中央财政和自治区财政转移支付，由自治区政府每年按照自然保护地属地政府的财政缺口进行财政补贴，属于补差性质的投入，没有将地方政府履行的生态保护职责转化为财政政策支持。同时，社会机构购买生态服务的工作机制仍处于初试阶段（大兴安岭国有林区碳汇交易试点），生态资源保护所产生的直接经济效益尚未得到充分转化。

其次，生态补偿计算方式不科学（图 3-22）。中央政府按照自然资源性质，通过专项治理工程的方式对保护地进行资金投入，但没有从生态服务功能的角度进行科学的补偿计算和补偿分配，也无法使受限制主体获得充分补偿。虽然天然林保护工程和草原禁牧补偿资金的落实缓解了一部分管护筹资压力，但在补偿制度设计上较为被动，难以有效调动起保护地内及周边社区的共管积极性。

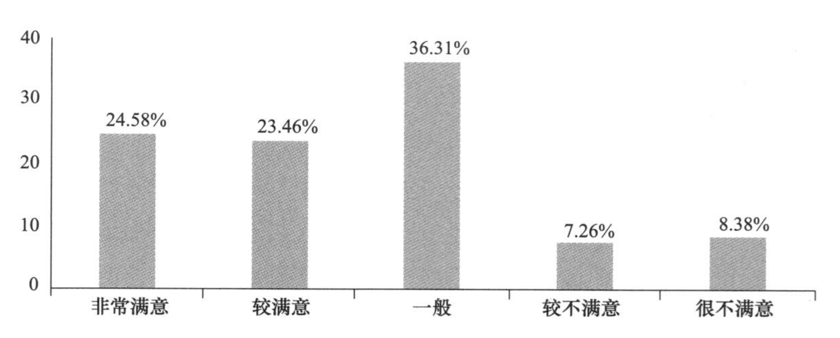

■ 图 3-22 自治区 179 处受访保护地社区对生态补偿的满意度分析图

第 4 章

统筹内蒙古自治区生态保护与绿色发展战略研究

提出内蒙古自治区生态文明体制建设与自然保护地体系建设的 12 条共计 96 字的战略，并提出具体的 25 项行动计划。问题、战略与行动的对应关系分析见附录 3。

4.1　战略

4.1.1　生态立区，先行先试

将生态保护作为内蒙古自治区全党全社会工作的第一要务，内蒙古自治区全域申请设立“生态文明试验区”，在生态文明体制机制新模式、国土空间规划和用途管制制度、自然保护地体系重构、产业转型和绿色产业发展、环境治理和生态保护市场体系建设、生态赋税、领导干部生态绩效考核等方面开展先行先试工作（图 4–1）。

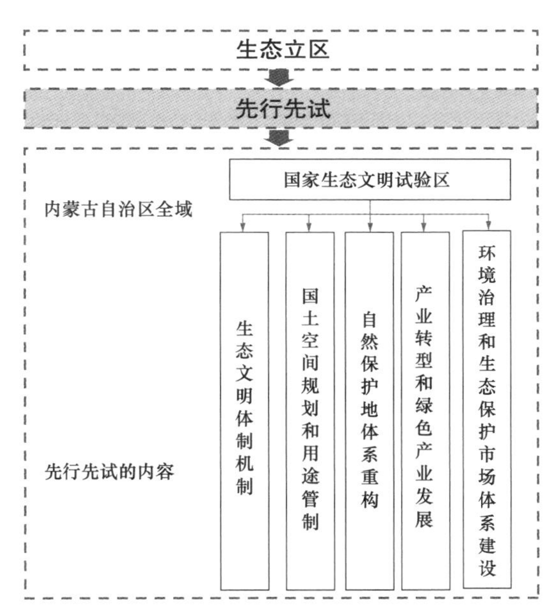

■ 图 4–1　“生态立区，先行先试”的战略框架示意图

“生态立区”是指：将生态保护作为内蒙古自治区全区工作的第一要务。内蒙古自治区应致力于培养全区全民的生态保护意识，培育和发展生态文化，推行绿色节约理念，鼓励和提倡环境保护行为，发展绿色产业，实现生态保护与经济社会的和谐发展。

“先行先试”是指：在生态立区的战略背景下，内蒙古自治区全域争创国家“生态文明试验区”，在生态文明体制机制新模式、领导干部的生态绩效考核制度、国土空间规划和用途管制制度、自然保护地体系重构、产业转型和绿色产业发展、环境治理和生态保护市场体系建设等方面开展先行先试工作。

内蒙古自治区争创国家“生态文明试验区”中的主要示范内容包括：第一，体制机制新模式方面，试验自然保护地管理机构建设和管理权责关系梳理，试验自然保护地立法及政策保障建设，试验自然保护地保护绩效评价考核等；第二，国土空间规划和用途管制制度方面，试验自然保护地边界科学重划，试验主体功能区、生态红线、城镇空间、基本农田和自然保护地五条边界的空间划定和管理的协商统筹；第三，自然保护体系方面，试验以国家公园为主体的自然保护地体系重构；第四，产业转型和绿色产业发展方面，试验从“黑色经济”向“绿色经济”的产业发展转型，试验集约发展和整体保护相协调的产业空间布局；第五，环境治理和生态保护市场体系建设方面，试验跨省跨市生态转移支付，试验企业与个人生态赋税机制，试验基于地役权的生态补偿机制等。

制定“生态立区，先行先试”战略的原因从以下重要性、必要性、紧迫性和可行性共4个方面论述。

第一，在生态立区的重要性方面。首先，内蒙古自治区具有极高的生态系统价值，草地生态系统面积和覆盖率在全国各省中排名第三，是温带草原的代表性区域；森林生态系统面积为全国第三，大兴安岭是我国针叶林生态系统密度最高和最优质的区域；荒漠生态系统面积位于全国第二位，拥有巴丹吉林和腾格里两大沙漠。其次，内蒙古自治区生态系统服务区位极为重要，是中国北方重要防风固沙的生态屏障，为京津冀地区的一体化发展提供了重要的生态安全保障。最后，内蒙古自治区有极为重要的生态系统服务功能，主要体现在水源涵养、防风固沙和生物多样性保护方面，分布有我国63个重点生态功能区中的11个。

第二，在生态立区的必要性方面。首先，内蒙古自治区的生态系统非常脆弱，全区中度以上生态脆弱区域占国土面积的62.5%，其中，重度和极重度脆弱区域面积占内蒙古自治区国土面积的36.7%，数量占我国19个生态脆弱区的重点保护区域中的4个；此外，我国沙尘暴四大主要发生地有两个位于内蒙古自治区，分别是阿拉善盟和阴山北麓及浑善达克沙地毗邻地区。其次，内蒙古自治区虽然近年局部地区生态状况好转，但并未遏制生态系统整体退化的趋势。草原退化、沙化、盐渍化面积近70%，天然湿地大面积萎缩，在巴丹吉林和腾格里两大沙漠之间，出现三条逐渐扩大的黄沙带，并且有连接一体的趋势。最后，内蒙古自治区的生态保护与资源开发的矛盾非常显著，89个国家和自治区级自然保护区中41个存在违法违规情况，涉及企业663家[1]，占国民经济比重较大的煤炭、火电、化工、黑色及有色金属行业，存在一定生态环境风险隐患。最后，内蒙古自治区的经济有必要向绿色经济转型，中、西部

1 内蒙古自治区人民政府办公厅关于印发《内蒙古自治区生态环境保护“十三五”规划》的通知。

地区普遍水资源紧缺，社会经济发展与生态保护间存在显著的矛盾。社会经济发展应与绿色产业紧密结合，例如开展区域生态旅游。一方面，内蒙古自治区地广人稀，不适合单一景点的观光旅游模式；另一方面，区域生态旅游的经济发展模式是具有可持续性的绿色经济发展模式，在保护生态的同时能够充分利用内蒙古自治区的自然本底优势，既能提供长远的经济效益，又能减少当地对有限煤炭资源的依赖，从而减少对水资源以及大气环境的污染。内蒙古自治区的区域生态旅游应以"一带一路"的战略为发展思路，形成连接北京市、内蒙古自治区、蒙古国、俄罗斯的从南向北的区域生态体验旅游线路，并充分发挥内蒙古优质的自然资源优势，发掘、复苏并传播本地传统文化。

第三，在先行先试的紧迫性方面。中国自然资源管理体制条块分割，自然保护地边界划定或分区不当的问题十分严峻，但尚未探索出适宜的解决方案。目前，在全国层面尚无自然保护地体系改革试点，国家公园体制试点尚不能解决自然保护地体系的综合问题。目前全国层面正紧锣密鼓地开展生态红线划定，然而主体功能区、生态红线、城镇空间、基本农田、自然保护地五条边界的关系尚未梳理清楚。在中国生态文明体制建设中，迫切需要探索自然保护地体制改革之路。因此，建立国家"生态文明试验区"，在国家"生态文明试验区"的大背景下完成自然保护地体制改革迫在眉睫。

第四，在先行先试的可行性方面。首先，内蒙古自治区是中国北疆的生态安全屏障，建立国家"生态文明试验区"并完成自然保护地体制改革及建设自然保护地体系符合中央对内蒙古自治区的战略定位，能够得到中央的政策支持；其次，内蒙古自治区地广人稀、自然保护地类型多样、生态系统类型丰富，呼伦贝尔市的森林、草原和湿地生态系统也具备极高的价值，具备了在国家"生态文明试验区"大背景下进行自然保护地体制改革和生态文明体制先行试验的先决条件；最后，自治区在加快生态文明制度建设方面已进行了一些有益探索，例如，建立健全了资源环境生态红线制度、推进了自治区环境承载力研究和生态红线划定工作、提出了美丽发展共赢的发展理念等，为"先行先试"奠定了较扎实的工作基础。

4.1.2　五界协定，划管监离

对主体功能区边界、生态保护红线边界、自然保护地边界、永久基本农田边界、城镇开发边界共五条空间边界，进行统筹、协定，明确五界的管理目标和管理政策。五界的空间划定全权、管理权和监督权应分设在不同部门（图 4-2）。

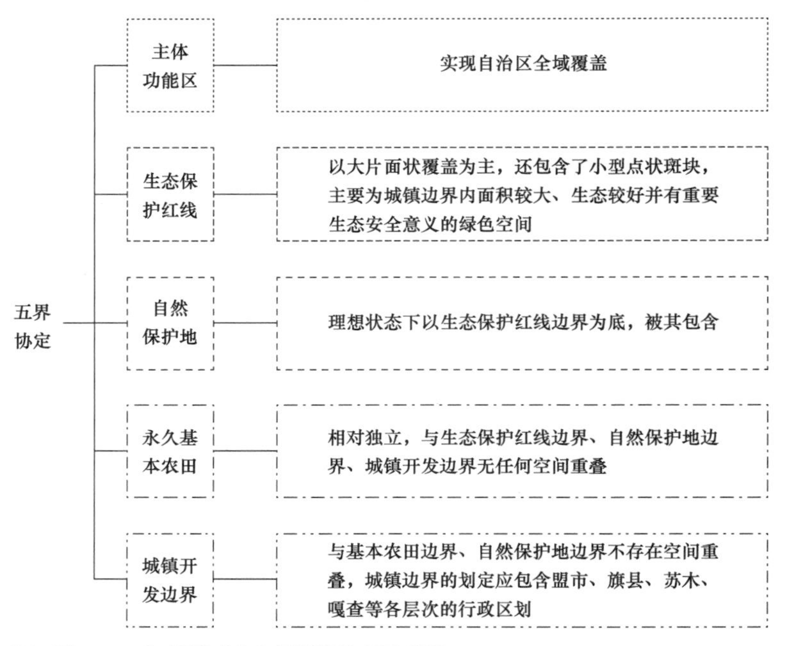

■ 图 4–2 “五界协定”空间逻辑关系示意图

“五界协定”是指多部门协商并统筹划定主体功能区边界、生态保护红线边界、自然保护地边界、永久基本农田边界、城镇开发边界共五条空间边界，并统筹、协定、明确五界的管理目标和管理政策（图 4–3）。

“划管监离”是指分离主体功能区、生态保护红线、城镇开发边界、永久基本农田边界、自然保护地边界的空间划定权、管理权和监督权（图 4–4）。

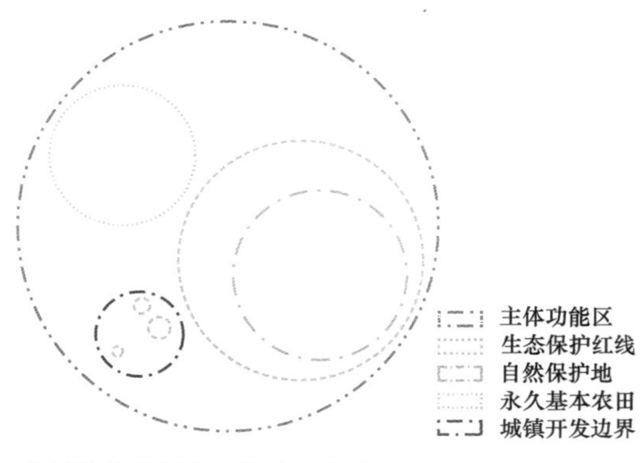

■ 图 4–3 “五界”的理想空间关系示意图

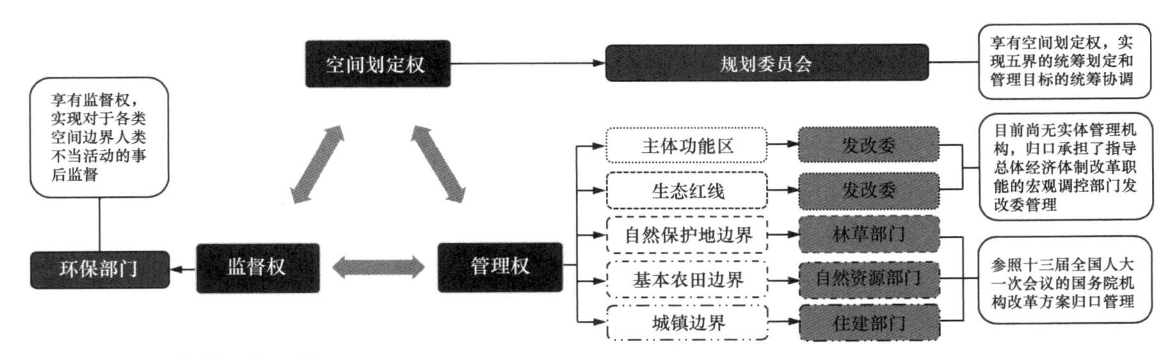

■ 图 4-4　“划管监离”示意图

“五界”中，主体功能区边界、生态保护红线边界、自然保护地边界与生态保护相关，空间精度和保护要求逐渐升高；永久基本农田边界、城镇开发边界直接与人类利用相关。其中，（1）主体功能区实现自治区全域覆盖，对于空间管控的精度要求相对较低；（2）生态保护红线以大片面状覆盖为主，囊括了自治区的禁止开发区、重要生态功能区、生态环境敏感区和脆弱区、生物多样性丰富、珍稀濒危物种集中分布区等，但生态保护红线中还包含了小型点状斑块，主要为城镇开发边界内面积较大、生态较好并在维护城镇生态安全格局上有重要意义的城市绿地；（3）作为“五界”组成部分的自然保护地边界，并非现有自然保护地边界的简单沿用，而是基于自治区全域自然保护地边界重定工作的基础，在理想状态下，自然保护地边界应以生态保护红线边界为底，两者为被包含与包含的关系；（4）保证永久基本农田边界相对独立，与生态保护红线边界、自然保护地边界、城镇开发边界无任何空间的重叠；（5）保证城镇开发边界与永久基本农田边界、自然保护地边界不存在空间重叠，城镇开发边界的划定应包含盟市、旗县、苏木、嘎查等各层次的行政区划。

制定“五界协定、划管监离”战略的原因有以下四个方面。

第一，生态保护与经济社会发展之间互相博弈、竞争的情况亟待协调。目前生态保护所需空间与经济社会发展所需空间多有重叠，各盟市、旗县多面临或变更自然保护地边界或分区，或完全清退人类活动的艰难选择。

第二，“五界”的空间逻辑关系亟待理顺（图 4-5）。从国家层面严格执行的空间管控边界包含主体功能区边界、生态保护红线边界、城镇开发边界、永久基本农田边界、自然保护地边界共“五界”。目前自治区“五界”在一定程度上表现出空间的重叠混乱，如自然保护地边界常与永久基本农田边界、城镇开发边界有所重叠。

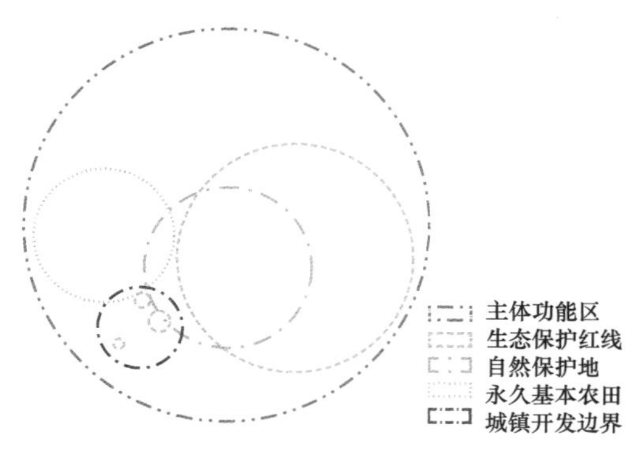

■ 图 4-5 “五界”的现状空间关系示意图[1]

第三，“五界”间的政策管控关系亟待协调。目前，“五界”中较为严格的管控政策《自然保护区条例》《风景名胜区条例》《关于划定并严守生态保护红线的若干意见》《重点生态功能区产业准入负面清单编制实施办法》《国土资源部关于全面实行永久基本农田特殊保护的通知》等，对“五界”空间的使用方式作出了严格的管控要求。总体而言，上述管控措施所要求的活动行为易与牧民的生活生产活动，城、镇、村等人类聚居地的发展诉求，国家对内蒙古自治区的资源、能源开发需求相背离。显然，由于“五界”的空间逻辑关系尚未理顺，也必然导致其政策管控的关系存在一定冲突。

第四，“五界”的空间划定权、管理权、监督权亟待分离。自治区负责“五界”的划定机构、管理机构和监督机构多表现出身兼多权、关系混乱、权责不清等问题，同一机构常常集“运动员”与“裁判员”于一身。如环保部门执掌着生态保护红线的划定权、监督权，住建部门掌握着城镇开发边界的划定权、管理权、监督权等。

4.1.3 面状保护，点线集约

内蒙古自治区的生态保护需要大面积、多层次、以自然生态系统为单元的整体性和综合性的面状保护；经济发展需要将空间限定在相对较小尺度的点状或线性空间内集约式发展。

“面状保护”是指：将内蒙古自治区大尺度、大面积的自然生态系统进行整体性、多层次保护。

“点线集约”是指：将内蒙古自治区的经济发展空间控制在尺度相对较小（与“面状保护”相比）的点状或线性空间内进行集约式发展。

1 自然保护地边界常与永久基本农田边界、城镇开发边界有所重叠。

内蒙古自治区地域辽阔，跨度大，资源类型多，生物多样性丰富，自然生态系统具有重要生态价值。生态保护需要以自然生态系统为单元、大面积的整体性和综合性的面状保护，依据生态服务功能，在内蒙古自治区东部和西部建立大尺度大面积国家公园，将中部地区大面积的草原划为生态自然恢复区，作为联系东西两侧国家公园的整体保护带。

规划需划定出明确的点状和线性空间作为未来内蒙古自治区的经济发展空间。点状空间如城镇体系、工业园区以及口岸等，线性空间如铁路、公路等交通基础设施等，需要在明确的边界内进行高强度、集约式的发展。规划应充分合理地利用点线发展空间，提升社会效益、经济效益与生态效益，以保证自然保护与经济发展的平衡态势。

制定“面状保护、点线集约”战略的原因有以下 5 个方面。

第一，“面状保护”是大尺度生态保护的必要手段。内蒙古自治区自然生态系统本底具有大面积自然保护地的基础和优势。自治区处于欧亚大陆内陆，东西直线距离达 2400 多千米，横跨我国东北、华北、西北三大地区。全区总面积 118.3 万 km^2，占全国陆域国土面积的 12.3%。因此，“面状保护”是保护内蒙古绿水青山和落实生态文明建设的必要手段。

第二，“面状保护”是保障生态系统完整性的必然要求。内蒙古自治区生态系统类型多样，物种资源丰富，是国家生态安全战略格局中东北森林带和北方风沙带的重要构成部分。然而内蒙古现有的自然保护地之间缺乏联系，由于城市发展和基础设施建设导致一些生态系统的破碎化现象，不利于生态系统完整性保护。要实现科学合理的生态保护，就需要科学合理地建设生态廊道、逐渐扩大保护面积，通过面状保护使自然保护地具有生态系统完整性和连贯性，从而更好地发挥生态系统服务功能，以实现建设美丽内蒙古自治区，筑牢祖国北疆生态安全屏障的目标。

第三，“点线集约”是高质量发展的科学合理的空间布局。习近平总书记视察内蒙古时提出高质量发展的要求。为保障经济实现高质量发展，内蒙古在空间上需要采用点线发展的模式——以东西部城市群作为核心点，通过线状交通基础设施的连接，形成经济在东西向的有效沟通，实现从低端到高端、从传统到新兴、从资源到附加的经济产业转型提升[1]。

第四，“点线集约”兼顾生态保护与经济发展，是可持续的转型之路。自治区现处于面状保护、面状开发的阶段，尽管存在一定数量的自然保护地，但是开发区域分散、土地利用粗放，保护与利用的空间布局时有冲突，一方面导致自然保护地呈破碎化态势，对物种多样性和生态系统稳定性产生负面影响，另一方面导致自然保护区内违法违规开发利用问题无法根除，89 个国家和自治区级自然保护区中 41 个存在违法违规情况，涉及企业 663 家[2]。所以，要实现更有效的生态保护，必须将原有“面状开发”模式转变成为“点线发展”的集约型空间布局模式。

1　习近平：扎实推动经济高质量发展扎实推进脱贫攻坚 http://www.xinhuanet.com/politics/2018-03/05/c_1122491622.htm.

2　内蒙古自治区人民政府办公厅《关于印发〈内蒙古自治区生态环境保护“十三五”规划〉的通知》。

因此，应建立空间规划体系，划定生产、生活、生态空间发展管制界限，落实管制用途。内蒙古自治区应在协调全域保护与发展的框架下，健全能源、水、土地节约集约使用制度[1]，实行集约式点线空间发展模式，并进行生态系统修复，以全面贯彻节约资源和保护环境的基本国策，加强生态文明制度建设，构建可持续发展机制，全力保障祖国北疆生态安全和社会稳定。

4.1.4 体系重构，布局优化

统筹考虑内蒙古自治区自然生态要素特点及其管理目标和体制模式，整合优化已有的各类自然保护地，重新构建自然保护地分类体系，形成以东西两翼国家公园群为主体、中间沿边防生态走廊为纽带的自然保护地体系，在内蒙古自治区全域形成连续完整的生态安全屏障（表 4–1、附件 2）。

自然保护地体系统计表 **表 4–1**

自然保护地类型	自然保护地面积（km^2）	占自然保护地面积比（%）	占自治区国土面积比（%）
一、国家公园	139184.49	36.55	11.77
呼伦贝尔草原国家公园	44881.82	—	—
大兴安岭森林国家公园	82045.41	—	—
巴丹吉林沙漠国家公园	56250.10	—	—
贺兰山国家公园	888.98	—	—
二、自然保护区	140420.88	36.87	11.87
国家级	88378.25	—	—
自治区级	40622.43	—	—
盟市级	11420.20	—	—
三、风景区	19132.62	5.02	1.62
风景名胜区	6368.00	—	—
地质类风景区	8676.83	—	—
森林类风景区	4102.31	—	—
湿地类风景区	4500.65	—	—
沙漠类风景区	195.28	—	—
水资源类风景区	1657.55	—	—

1 《中共中央关于全面深化改革若干重大问题的决定》。

续表

自然保护地类型	自然保护地面积（km^2）	占自然保护地面积比（%）	占自治区国土面积比（%）
四、生态自然恢复区（草原景观保育区）	82083.00	21.55	6.94
合计	380820.99	100	32.20

重新构建内蒙古自治区保护地体系，新体系对原保护地的改变包括：第一，新增和调整若干保护地类型，包括新增国家公园和生态自然恢复区；将原风景名胜区、地质公园、森林公园、湿地公园、沙漠公园、水利风景区等按照单一资源类型设立的保护地，合并为保护中国独具特色的自然文化混合遗产和特别景观类型的风景区；第二，保留自然保护区，将其定位调整为保护典型生态系统；第三，将自然保护区调整为三级体系，即国家级、自治区级和盟市级，将现状旗县级自然保护区升级为盟市级或盟市以上级，事权上由自治区和盟市政府共同负责保护管理。

该战略的制定主要从以下两个方面考虑。

第一，自然保护地分类与保护管理复杂性不匹配。内蒙古自治区已经建立一定规模（12.8%）、类型丰富、功能多样的各类自然保护地，包括自然保护区、风景名胜区、地质公园、森林公园、湿地公园、水利风景区等。但与全国其他自然保护地类似，均存在保护地范围交叉重叠、管理一刀切等问题，不能满足复杂多样的保护利用需求。另外，不同于国家级和部分自治区级自然保护地，盟市及旗县级自然保护地存在缺乏保护经费保障、保护状况不理想、生态系统退化严重等问题。

第二，自然保护地空间布局代表性、充分性和均衡性均有待提升。基于资源价值评价，发现西部沙漠生态系统、东部森林生态系统和物种多样性保护均存在较大的保护空缺；基于生态系统服务功能规划，发现防风固沙和水源涵养生态功能区存在较大的保护空缺；保护地空间破碎化比较明显，尚未形成大面积、完整的生态系统保护空间；各行政区自然保护地面积占比有较大差异。

4.1.5　科学定量，分类定策

科学设定专用和兼用于自然保护的土地面积总量，以保证内蒙古自治区作为北方生态屏障和京津冀生态保护伞的战略地位。初步建议专门用作自然保护的自然保护地体系的面积占内蒙古自治区面积的32.19%，专用和兼用于生态保护的土地面积占内蒙古自治区面积比至少达到49%（即生态红线面积占比）。

明确内蒙古自治区自然保护地体系包括四大类，即国家公园、自然保护区、风景区和生态自然恢复区。

应根据保护对象的特征，构建多面向、多层次自然保护地体系，并分别制定不同类型自然保护地管理政策，进行差异化、精细化、科学化管理。

明确内蒙古自治区自然保护地体系包括四大类，即国家公园、自然保护区、风景区和生态自然恢复区。（1）国家公园以大面积生态系统和大尺度生态过程为保护对象，实行科学意义上的最严格保护，允许开展作为国民福利的环境教育活动；（2）自然保护区以典型生态系统、重要动植物物种和栖息地为保护对象，实行最严格的保护，不允许开展非科研类访客活动；（3）风景区以中国独具特色的自然文化混合遗产和特别景观类型为保护对象，风景区划分为六类，即为风景名胜区、地质类风景区、森林类风景区、湿地类风景区、沙漠类风景区和水资源类风景区；（4）生态自然恢复区，以较大面积生态系统为保护对象，强调对其进行自然恢复。

应根据保护对象的特征，构建多面向、多层次自然保护地体系，并分别制定不同类型自然保护地管理政策，进行差异化、精细化、科学化管理。全力提升内蒙古自治区自然保护地面积，在祖国北疆构筑起万里绿色长城。该区自然保护地主体功能区的禁止开发区域共有318处，其中国家级禁止开发区域59处，占全区国土总面积的比重为4.41%；自治区级以下禁止开发区域259处，占全区国土总面积的比重为10.86%[1]。

第一，定量有利于五位一体总体布局的政策落实和执行。自然保护地建设规模和发展速度必须与内蒙古自治区的国家生态定位、经济发展和社会进步相适应。党的十八大报告提出了中国现代化建设“五位一体”的总体布局，必须树立尊重自然、顺应自然、保护自然的生态文明理念，把生态文明建设放在突出地位，融入经济建设、政治建设、文化建设、社会建设等各方面和全过程。

第二，“科学”是国家公园体制建设中不可或缺的要素之一，也是目前中国各类型自然保护地的短板。统计内蒙古自治区自然保护地的类型、级别、数量等，有利于梳理在管理、保护、开发、资金和人员等方面存在的主要问题。当前，内蒙古自治区自然生态系统不稳定、自然保护地覆盖面积不全面，不足以承担我国北方生态屏障的责任，无法满足“京津冀保护伞”的生态系统服务需求，因此需要科学定量。

第三，现行的自然保护地管理条例，并不适用于未来保护地综合管

1 主体功能区规划稿

理的发展趋势。目前，各类自然保护地处于定位不合理、功能不明确、管理不清晰的状态，不利于未来自然保护地的发展。应根据不同自然保护地的资源特征、保护对象，采取分类保护与分级管理措施，有针对性地有效落实各类保护地保护和监管等工作，加强自然保护地的有效保护与精细化管理，坚持将山水林田湖草沙作为生命共同体。

避免“一刀切”的政策，明确自然保护地类型，科学制定可操作性强的保护和管理政策。例如草原生态系统较为脆弱，需要动物和人类的适当扰动，才能保持草原生态系统的相对稳定，因此必须考虑到当地牧民的生产生活状况，以制定相应的自然保护地管理政策；而在森林生态系统中森林生态系统保持相对稳定所需的扰动在类型和程度上与草原生态系统，相去甚远，因此需要因地制宜地制定保护政策。

4.1.6 边界重定，规划重做

以生态保护为前提，在全面考察、评价自然资源价值、经济发展诉求和基础设施建设要求的基础上，科学合理地重新划定自然保护地边界，重新编制科学严谨、切实可行的自然保护地总体规划、专项规划和详细规划（图 4-6）。

调研发现，内蒙古自治区自然保护地多面临边界不合理、压划不适宜等问题，给保护管理带来诸多困难。“边界重定、规划重做”是一项实事求是的战略，该战略的落实既需要坚定的决心和解决问题的勇气，也需要耐心、细致、扎实的工作。边界重定和规划重做要求详实的前期研究，组建多学科合作的研究和规划团队，在全面调查的基础上，建立整体性的思维方式和工作方法；规划应至少包括总体规划、专项规划和详细规划三个层次，各层次规划应进行专门的环境影响评价或合格评估；规划实施应得到充分的监测与反馈。

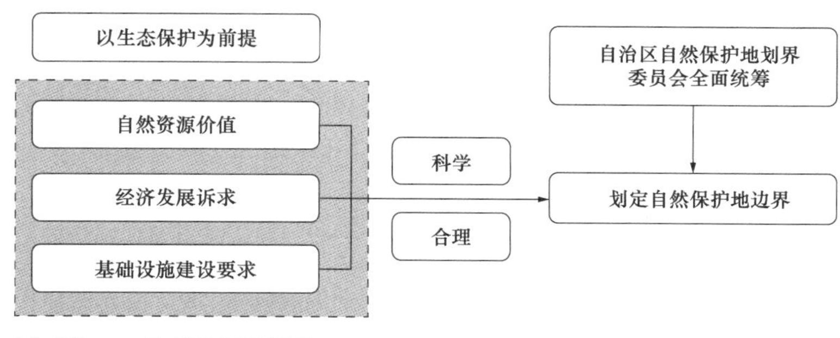

■ 图 4-6 边界重定示意图

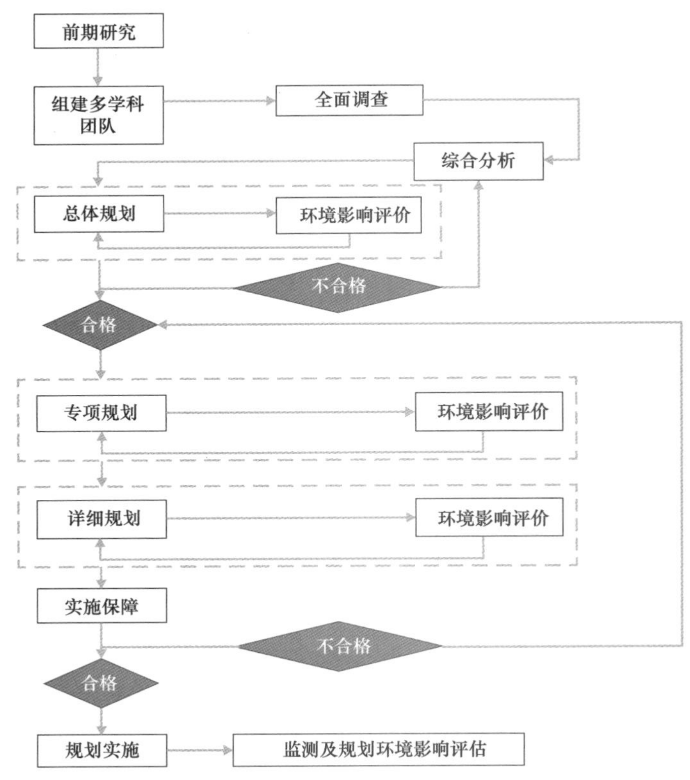

■ 图 4-7 规划重做基本流程示意图

基于以下原因，提出了“边界重定、规划重做”战略。

第一，受限于认知水平、技术方法等历史局限，内蒙古自治区的自然保护地普遍存在边界划定不合理的现象，亟待重新科学划定自然保护地边界。自然保护地的边界划定不合理具体表现为保护不全面、界线不清晰、划定不科学、边界有重叠 4 方面：（1）保护不全面，部分保护价值较高的区域未能得到有效保护；（2）界线不清晰，众多自然保护地的边界划定不清晰或实际管控边界与批准边界存在较大偏差；（3）划定不科学，多个自然保护地内被划入工矿点或人口密集的村镇；（4）部分自然保护地拥有自然保护区、森林公园、湿地公园等多个类型的保护地称号，且彼此之间存在边界交叉重叠的现象。

第二，由于时代、科技的局限，众多自然保护地在编制规划时存在种种不足，亟需重新科学编制各自然保护地规划。主要有：（1）调研考察不深入，基础分析不扎实；（2）价值认定不清晰，保护对象不全面，保护面积不充分；（3）规划分区不适宜，规划管控难落地，空间布局不合理；（4）规划目标不明晰，规划方法不科学。

4.1.7　国家保护，属地受益

国家公园是指由中央政府批准设立并行使事权，边界清晰，以保护具有国家代表性、原真性和完整性的大面积生态系统和大尺度生态过程为主要目的，实现科学意义上最严格保护的特定陆地或海洋区域。

国家公园由中央政府批准设立并行使事权，进行资源保护、社区管理以及生态体验。国家公园设立后整合组建统一的管理机构，履行国家公园范围内的生态保护、自然资源资产管理、特许经营管理、社会参与管理、宣传推介等职责，负责协调与当地政府及周边社区关系。可根据实际需要，授权国家公园管理机构履行国家公园范围内必要的资源环境综合执法职责[1]。

国家公园所在地享有国家公园实行科学意义上的最严格保护后的生态系统服务；国家公园的保护与发展可以带动属地及周边产业发展，拉动社会发展、带动就业，使国家公园所在区域的各级地方政府和居民获得经济效益、社会效益，提升人民生活质量；国家公园坚持全民公益性、全民共享，开展自然环境教育，为公众提供亲近、体验、了解自然以及作为国民福利的游憩机会（图 4–8）。

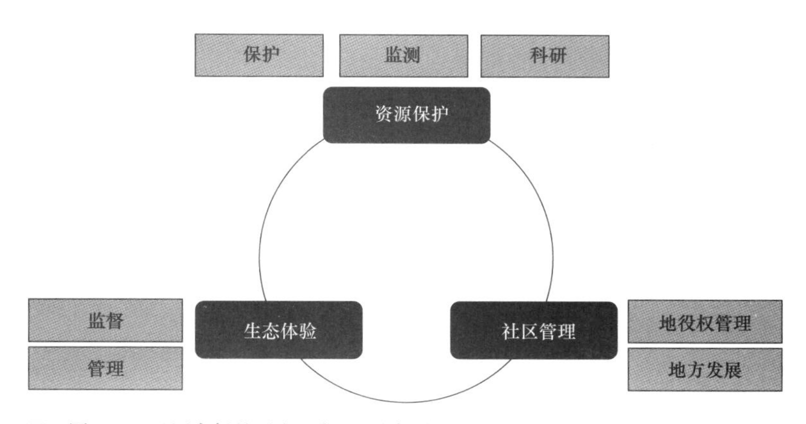

■　图 4–8　“国家保护，属地受益”示意图

第一，坚持“国家保护”是保障国家公园的保护、运行和管理的基本前提之一。国家公园是落实生态文明建设的窗口，建立国家公园体制是党的十八届三中全会提出的重点改革任务。国家公园是自然保护地体系中的主体，是我国自然保护地最重要类型之一，是坚持“生态保护第

1　中国中央办公厅、国务院办公厅《建立国家公园体制总体方案》（2017 年 9 月）。

一、国家代表性、全民公益性”的实行科学意义上的“最严格保护”的最美丽的国土。国家公园“全民公益性”所强调的是面向全体中国国民的公益属性，而并非仅仅面向某一地方政府所管辖国民的公益性，因此要确保国家公园的“全民公益性”就必然要求首先确定中央政府与地方政府的事权划分：国家公园内全民所有自然资源资产所有权由中央政府和省级政府分级行使，其中，部分国家公园的全民所有自然资源资产所有权由中央政府直接行使，其他的委托省级政府代理行使；条件成熟时，逐步过渡到国家公园内全民所有自然资源资产所有权由中央政府直接行使。

第二，实现“属地受益”是国家公园建设成功的重要基础之一。国家公园强调“国家主导、共同参与”，倡导“建立健全政府、企业、社会组织和公众共同参与国家公园保护管理的长效机制”，国家公园属地或周边的社区位于国家公园内部或紧邻国家公园，是与国家公园有着最直接、最紧密联系并与国家公园荣辱与共、休戚相关的社会力量，是国家公园实现良性发展的决定性要素之一。国家公园保护对象能否实现有效保护，在很大程度上取决于属地和周边社区对生态环境的认识水平和行为模式，因此充分挖掘、调动属地和周边社区的积极性，是保证国家公园建设成效的关键之一。国家公园属地或周边的社区需要为国家公园的保护与发展作出重要贡献和巨大牺牲，并理应得到公平的发展机会。

而“属地受益”本身也是国家公园建设所能带来的重大利好之一。由于国家公园在实现“重要自然生态系统的原真性、完整性保护”的基础上同时兼具科研、教育和作为“国民福利”的游憩机会等综合功能，因此其建设能有效保护属地及周边区域的生态环境，使属地及周边区域能享有国家公园实行科学意义上的最严格保护后的生态系统服务，能带动属地及周边产业发展，能提升配套基础设施、拉动社会经济发展、带动就业，为属地的各级地方政府和居民获得高水平、高质量的生态效益、经济效益、社会效益，能实现增强社会稳定性，不断满足人民日益增长的美好生活需要的目标。

4.1.8 林草荒沙，东西先行

在国家公园建设方面，推动内蒙古自治区东西两翼率先申请设立国家公园，东部呼伦贝尔地区以森林、草原生态系统为保护对象，西部阿拉善地区以荒漠、沙漠生态系统为保护对象。

“林草荒沙”是指：内蒙古自治区主要分布三大生态系统，分别是东部的森林生态系统、草原生态系统和西部的荒漠、沙漠生态系统。东部呼伦贝尔地区的大兴安岭林区和呼伦贝尔草原，是森林生态系统和草原生态系统的典型，在全国具有突出的代表性；西部的阿拉善地区的巴丹吉林沙漠，是荒漠、沙漠生态系统的典型代表。

“东西先行”是指：在国家公园建设方面，推动内蒙古自治区东西两翼率先申请设立国家公园，东部呼伦贝尔地区以森林、草原生态系统为保护对象，西部阿拉善地区以荒漠、沙漠生态系统为保护对象。

第一，森林、草原、荒漠和沙漠是我国重要的生态系统。内蒙古自治区主要分布三大生态系统，分别是东部的森林生态系统、中部的草原生态系统和西部的荒漠、沙漠生态系统。东部呼伦贝尔地区的大兴安岭林区和呼伦贝尔草原，是森林生态系统和草原生态系统的典型，在全国具有突出的代表性；西部阿拉善盟地区拥有广袤的戈壁、壮美辽阔的巴丹吉林沙漠，保存完好，是荒漠、沙漠生态系统的典型代表。荒漠、沙漠生态系统的价值一直没有被正确地认识，往往被视作荒芜、消极、毫无生机的区域。实际上，荒漠、沙漠生态系统具有重要的生态服务功能，一方面，荒漠孕育了大量旱生、超旱生植物，极大丰富了我国的物种多样性；另一方面，荒漠和沙漠对中国水热调节有着重要影响，为华北地区带来大量的降雨，也是全球矿物质的重要来源。

第二，东西两部分社会经济发展较为滞后，亟待激发新的发展动力。内蒙古自治区东部呼伦贝尔地区和西部阿拉善盟地区基本属于重点生态功能区。呼伦贝尔市大部分区域属于国家级重点生态功能区、阿拉善盟全域属于自治区级重点生态功能区，矿业、重工业等高污染产业较少，环保压力较小，但也存在社会经济发展动力不足、旅游发展与自然保护相冲突和自然保护能力不足等问题。

第三，东部和西部人口密度低，适合国家公园先试先行。东部和西部区域人口密度低，保护和利用的矛盾较小，适合作为国家公园的先行先试区。阿拉善盟人口密度约 0.71 人 / km^2，其中阿拉善盟右旗约 0.33 人 / km^2，总人口约 2.5 万人；额济纳旗约 0.16 人 / km^2，总人口约 1.8 万人；呼伦贝尔市牧业四旗（鄂温克自治旗、新巴尔虎右旗、新巴尔虎左旗和陈巴尔虎左旗）乡村人口密度约 1 人 / km^2，总人口约 8.5 万人；大兴安岭林区人口密度约 3.2 人 / km^2，其中北部原始森林人烟稀少，人迹罕至，满足国家公园对低人口密度的要求。

第四，内蒙古自治区大兴安岭林管局改革遇阻。大兴安岭森林工业管理局于 1952 年成立，1995 年组建内蒙古森工集团。2016 年，内蒙古自治区党委、政府印发了《内蒙古大兴安岭重点国有林区改革总体方案》，内蒙古自治区大兴安岭重点国有林管理局于 2017 年挂牌成立。数次改革之后，体制问题和历史遗留问题层出。首先，林管局现有体制问题悬而未决，身份不明确，严重打击工作人员的工作积极性；其次，改革过程中导致数万员工失业，待遇问题至今无法落实，成为社会的不安定因素；此外，林管局员工老龄化趋势严重，专业知识不足，但是落后的工资水平和艰苦的工作环境对专业人才缺乏足够吸引力，自然保护状况不佳，故亟需一个有力的抓手进行管理体制重组，解决上述问题。

4.1.9 避镇少路，衰减集中

国家公园的划定应尽量避让建制镇等人口稠密区域，城市建成区不应纳入国家公园范围内。国家公园内应尽量减少道路修建，对于必要的交通设施应降低设计等级，按实际需求制定容量。

依据国家公园功能分区管理政策，对社区居民点空间布局进行调控，明确社区居民生产生活的空间界限，通过有计划负责任的空间调控、有序疏解等方式解决社区发展难点。同时，鼓励社区居民集中居住，合理分配教育、医疗资源投入及基础设施建设，降低社区生态足迹。

“避镇少路”是指：国家公园的划定应尽量避让建制镇等人口稠密区域，城市建成区不应纳入国家公园范围。国家公园内应尽量减少道路修建，对于必要的交通设施应降低设计等级，按实际需求制定容量。

“衰减集中”是指依据国家公园分区管理政策，对社区居民点空间布局进行调控，明确社区居民生产生活的空间界限，通过有计划负责任的空间调控、有序疏解等方式解决社区发展难点。同时，鼓励社区居民集中居住，合理分配教育、医疗资源投入及基础设施建设，降低社区生态足迹。

第一，大部分的自然保护地从建立之始，就不是完全自然的区域，人口密度的多寡与自然条件、人居环境、交通便利程度、保护地建立时间有所关联，除了极少数地区外（西部荒漠和东部原始林区），难以实现社区和自然保护地的完全隔离。因此，在划定国家公园范围时，应尽量避让人口稠密区域，减少生态移民规模。对于现状道路设施，应合理评估设施等级、利用程度和改善需求，谨慎对待新增道路的计划，限制国家公园可进入区域。

第二，国家公园内社区或林场的生产经营活动会对自然保护地的资源造成干扰，社区可持续发展需要先进技术理念的支持和生态保护意识的引导。从国家公园世代传承的角度出发，在生态敏感区域应有计划地进行人口疏解、撤并村落。对于规划保留的社区居民点，应集中完善乡村基础设施建设，统筹乡村风貌引导等工作，切实保障社区居民的基本生活水平。

4.1.10　权责清晰，立法保障

“权责清晰”是指：在自然保护地的实际管理过程中，实现管理机构权限范围与保护地划定边界的统一。根据涉及利益类型的不同，明确各级政府、保护地社区、相关企业以及其他相关方的责任与义务，使权责利关系相互匹配，确保责权平衡。

“立法保障”是指：制定和完善自然保护地相关的法律与规章制度，制订适用于不同资源类型保护地的管理技术规范，明确各类保护管理问题的责任主体，通过法律保障权力、责任、利益的协调，确保自然保护措施的有效落实（图 4–9）。

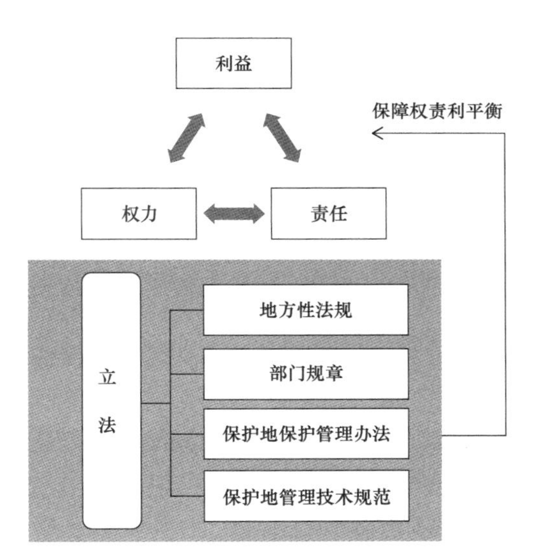

■　图 4–9　权责清晰，立法保障示意图

首先，保护管理权限分散是影响内蒙古自治区自然保护地管理成效的重要因素。在宏观层面上，自然保护地的管理职责分散在不同资源主管部门，部门之间的沟通、协作不充分，削弱了生态保护的整体性与系统性。在中观层面上，交叉管理、一地多名、空间重叠等现象也降低了基层保护地管理单位的权威性和执法的严肃性。

其次，各级政府保护管理事权划分不合理也是导致自然保护地管理问题的主要原因。按照当前权责划分，地方政府承担了保护地管理的绝大部分工作，由于人力、物力和财力等因素，基层保护地单位的能力建设长期滞后，进而出现批而不建、建而不管、管而不力的现象。

同时，法律制度建设是开展自然保护工作的基本保障。目前我国与自然保护地相关的法律可分为针对资源保护开发所制定的资源法和针对保护地综合管理所制定的保护地法。内蒙古自治区层面出台了《内蒙古自治区自然保护区实施办法》，但文件级别较低，覆盖面较小，并且缺少统筹资源保护管理工作的指导性内容。当前仅有锡林郭勒、大青山等少数国家级自然保护区出台了较为详细的自然保护区管理条例。法律建设的空缺可能导致保护管理工作的盲目性。

4.1.11 生态赋税，受益支付

“生态赋税”是指：内蒙古自治区应秉持生态优先理念，对损害生态资源的组织和个体征收专项税金，税费高低由资源利用的方式决定，如工矿开采、工业污水排放、林区土壤采挖等行为应纳入征税范围。

“受益支付”是指：在自治区层面设置专项税种，区域内的生态环境受益方直接补偿生态保护方。由中央政府组织建立跨省联动机制，核算自治区在防风固沙、水源涵养等方面对于周边省份生态安全的贡献，如京津冀区域、黑龙江流域，通过征税和市场化手段进行横向生态补偿。

提出上述战略是基于对自然保护地资金来源、资金配置和保护激励等方面的考虑。

资金来源方面，自治区对于自然保护地的资金投入总量不足，除公共财政外，自然保护地建设很难获得其他有效的资金支持，如社会渠道和市场渠道等。仅有少数国家级自然保护地能够从中央层面获得专项经费，大部分保护地主要依靠地方财政投入，旗县级政府面临沉重的财政负担。

资金配置方面，自然保护地的常规经费支出结构中，人员费用仍是主体，用于资源保育的经费比例较低。较为僵化的审批程序，降低了专项资金的合理使用效率。

保护激励方面，自治区层面尚未形成“污染者付费，保护者受益”的正向激励机制。侵害公共生态资源的行为未得到有效制约，地域性环境保护者未得到充分奖励。

4.1.12 地权细分，协议补偿

“地权细分”是指：在不改变土地所有权的前提下，对土地的使用

权、经营权、收益权、保护管理权和生态补偿受益主体进行细分，使自然保护地及周边受到保护管理约束的社区居民获得与义务对等的补偿。

"协议补偿"是指：通过科学的评估手段划定生态保护受限范围，规定各区域对应的受限程度。由自然保护地管理机构与土地权属方签订保护合作协议，并按照其受限程度进行生态补偿。

一方面，自然保护地内的社区居民多依赖于自然资源开展农牧业、林业和渔业等传统生产活动，或开展小规模的商业经营性活动，土地承包到户较为普遍。在实施保护管理措施前，需要对土地的所有权（国有还是集体）、使用权（分为不同类型）、经营权、收益权进行确权，使受限制主体和受限制行为得到明确，相对应转化为不同类型的生态补偿受益主体，避免补偿对象不清而造成的纠纷。

另一方面，在自然保护地范围内已设立的林场、牧场、渔场、工矿等生产经营性单位，在与生态保护目标相冲突而受到生产限制时，需要对其所有权、经营权和生产资料的所有权进行确权，而后制定补偿措施。属于国有资产的可以由上级主管部门将其整体划转至保护地管理机构，属于私人经营的可通过赎买、转让或签订协议等方式降低生态影响，避免产权不清而造成的补偿纠纷。

4.2　行动计划

为落实上述 96 字战略，提出 25 项行动计划，以协调内蒙古自治区全域保护与利用。

行动计划一：出台生态文明战略实施意见

内蒙古自治区党委、政府出台《关于推进内蒙古生态立区战略的实施意见》，深入研究并全面制定内蒙古自治区生态意识培养、生态文明体制、生态发展路径、生态绩效考评和污染防治策略的主要内容（图 4–10）。

行动计划二：申请成为国家"生态文明试验区"

由内蒙古自治区人民政府向中央深化改革领导委员会提出正式申请，以内蒙古自治区全域成为国家"生态文明试验区"（图 4–11）。在生态文明体制机制新模式、国土空间规划和用途管制制度、自然保护地体系重构、产业转型和绿色产业发展、环境治理和生态保护市场体系建设等方面开展先行先试工作。

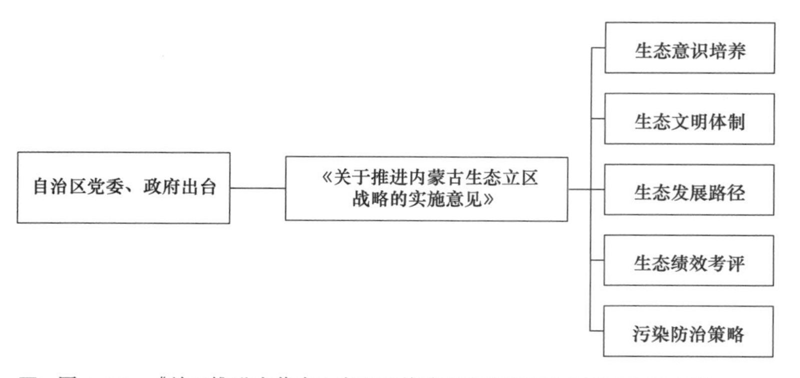

■ 图 4-10 《关于推进内蒙古生态立区战略的实施意见》主要内容示意图

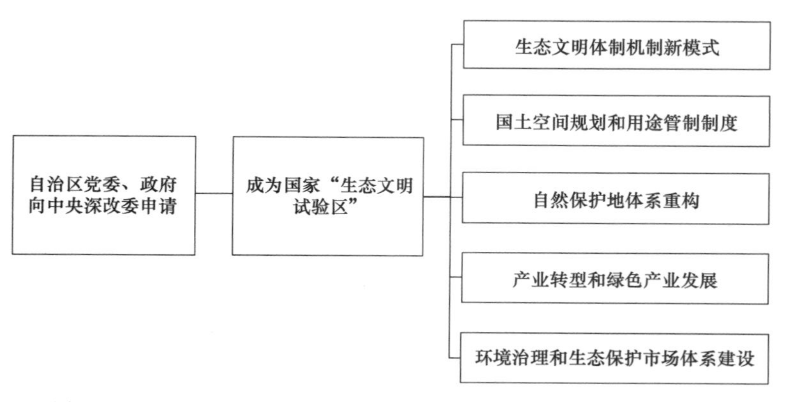

■ 图 4-11 设立“生态文明试验区”示意图

现有的“生态文明先行示范区”即包头市、鄂尔多斯市、乌海市、巴彦淖尔市在2020年示范区建设结束后，统一纳入“生态文明试验区”，内蒙古自治区将继续在生态文明建设方面展开深入、持续的探索。

行动计划三：组建改革专家小组

由内蒙古自治区发展与改革委员会、内蒙古自治区环境保护厅联合牵头，组建内蒙古自治区国家“生态文明试验区”专家小组。专家小组应涉及生态学、经济学、风景园林学、城乡规划学、公共管理学等多个学科，分荒漠、湿地、草原、森林四个生态系统开展实地调研工作，全面研究和制定自然保护地体制改革和生态文明试验区的改革与示范内容。

行动计划四：建立“全域统筹保护发展”联席会议机制

由内蒙古自治区党委、政府牵头，会同发改委、国土资源厅、环境保护厅、林业厅、农牧业厅、水利厅、经信委、财政厅、住建厅、商务厅、旅游局、统计局、法制办、民族事务委员会、交通运输厅、扶贫办等生态保护相关部门和经济社会发展相关部门建立“全域统筹保护发展”联席会议制度。会议将进行全域保护与发展统筹的年度总结工作并制定下一年度工作计划；在面临重大工程立项、产业建设、经济发展决策时，各部门召开不定期会议进行讨论。联席会议制度将全面统筹“山、水、林、田、湖、草、沙”与“城、乡、路、矿、牧、渔、人”等各个要素，以协调全域性的保护与发展。

行动计划五：建立内蒙古自治区“五界划定”规划委员会

由内蒙古自治区党委、政府牵头，设立规划委员会，规划委员会主任由主管生态保护的自治区副主席兼任；于自治区发改委设立规划委员会办公室，办公室主任由自治区发改委主任兼任。规划委员会成员包含发改委、国土部门、环保部门、农牧部门、住建部门、林业部门等相关机构的主要领导和相关业务负责人。规划委员会的职责是在空间上统筹明确主体功能区、生态保护红线、自然保护地、永久基本农田、城镇开发边界的“五界”，并在机制上统筹明确“五界”的管理主体、管理措施、管理政策等。

行动计划六：划分“五界”相关各部门事权

清晰权责，将“五界”的划定权、管理权、监督权分离，明确不同部门所承担的相应权责。其中：（1）规划委员会享有空间划定权，实现五界的统筹划定和管理目标的统筹协调；（2）环保部门享有监督权，实现对于各类空间边界内人类不当活动的事后监督；（3）“五界”中主体功能区、生态保护红线目前尚无实体管理机构，归口承担了指导总体经济体制改革职能的宏观调控部门——区发改委进行管理；其余“三界”目前均有实体管理机构，参照十三届全国人大一次会议的国务院机构改革方案，将自然保护地边界归口林业部门管理，永久基本农田边界归口自然资源部门管理，城镇开发边界归口住建部门管理。

行动计划七：开展“五界制图”，落实面状保护、点线发展空间格局

自上而下完成自治区、盟市、旗县三级的面状保护与点线集约的空间制图，形成有法律效力的文本和图件，明确面状保护的空间和等级、点线集约的空间和强度。（1）明确面状保护的空间和等级：明确自然保护地空间范围和生态红线空间范围，并明确各类产业的兼容性与开发强度；（2）明确点线发展空间和强度：基于内蒙古自治区“十三五”规划以及各盟市社会经济发展需求，划定城镇体系、经济产业、口岸等点状发展空间和交通如公路、铁路，电网等线状发展空间，并明确发展强度。

行动计划八：在相关发展规划中落实“五界”

将“五界”的空间边界与“面状保护、点线发展”的空间格局落实在内蒙古自治区的《城镇体系规划》《土地利用规划》《主体功能区规划》等空间规划和《国民经济和社会发展第十四个五年规划》《生态环境保护十四五规划》《能源发展十四五规划》《工业发展十四五规划》《农牧业现代化发展十四五规划》《旅游业十四五规划》等国民经济和社会发展规划中。

行动计划九：设立自然保护地规划委员会、科学委员会、评审委员会

由内蒙古自治区自然保护地主管部门牵头设立保护地规划委员会、科学委员会、评审委员会。其中，规划委员会的主要工作职能为：在全区范围内建立统一、规范的自然保护地规划体系（包含行动计划、技术指南等），确保各层级规划之间的协调性、一致性和延续性，委员会应吸纳内蒙古自治区各级保护地管理机构中的专业技术人员；科学委员会的主要工作职能包括：为全区制订自然资源资产保护管理计划提供科学依据，组织不同领域的专家学者对自然保护地开展基础性和长期性的研究工作，并为基层保护地管理单位提供技术指导；评审委员会的职能是对国家级和自治区级自然保护地的规划、建设项目进行合规性审核、专业论证和技术评审，同时负责对社会公众发布相关信息。

三个委员会的工作职能互有衔接，规划委员会负责制订规划管理框架，科学委员会为科学决策提供理论依据和技术支撑，评审委员会负责项目审核与公众参与。三个委员会的常设委员应由内蒙古自治区自然保护地主管部门任命。

行动计划十：对内蒙古自治区自然保护地进行本底调查和全面评价

由科学委员会牵头组织，开展相关课题研究，对内蒙古自治区自然保护地进行本底调查和全面评价，全面摸清资源本底和价值，详细分析问题，并提炼科学研究方向，为进一步开展科研和保护地体系规划打下坚实基础。

行动计划十一：开展内蒙古自治区自然保护地体系规划

由规划委员会组织，基于对内蒙古自治区自然保护地的全面调查和评价，开展自然保护地体系规划，对自然保护地体系的发展目标、空间格局、体制机制改革和保护措施等进行统筹规划。

实行“一个保护地一块牌子”初步建议，整合后全域自然保护地面积占内蒙古自治区总面积的32.19%；设立国家公园4处，占自然保护地面积的36.55%；自然保护区152处、风景区99处、生态自然恢复区4处。

整合各类自然保护地，划入拟建国家公园后，撤销原自然保护地，撤销旗县级自然保护区，升级为盟市级或并入其他类型自然保护地，自然保护区由原来的国家级、自治区级、盟市级、旗县级的四级体系，升级为国家级、自治区级、盟市级三级，并论证条件成熟时升级为国家级、自治区级两级体系，初步研究设立自然保护区 152 处；将原风景名胜区、地质公园、森林公园、湿地公园、沙漠公园、部分水利风景区调整为风景区，重新判定其主要资源类型和功能定位，调整为风景名胜区、地质类风景区、森林类风景区、湿地类风景区、沙漠类风景区、水资源类风景区，初步研究设立风景区 99 处；设立生态自然恢复区，沿自治区北部边境将巴彦淖尔市、锡林郭勒盟，以及赤峰市（部分）等地大面积草原地区划入，进行自然恢复和草原保育。

行动计划十二：编制内蒙古自治区自然保护地体系分类管理指南

根据各类自然保护地资源特征，组织编制自然保护地体系分类管理指南，明确各类保护地的管理目标、管理原则、管理机制和管理方法，并以法律法规的形式，制定自然保护地一系列导则和标准体系，如行业标准等。

初步建议，考虑到中国自然保护地的发展历史和生态文明新时代的要求，建议中国自然保护地分 4 个大类：国家公园以大面积生态系统和大尺度生态过程为保护对象，对应 IUCN 中第Ⅱ类，实行科学意义上的最严格保护，允许开展作为国民福利的环境教育活动；自然保护区以典型生态系统为保护对象，对应 IUCN 中第Ⅰ类，实行最严格的保护，不允许开展非科研类访客活动；生态自然恢复区，以保护生态系统为对象，进行自然恢复，对应 IUCN 中第Ⅳ类，实行积极弹性的保育政策；风景区以中国独具特色的自然文化混合遗产和特别景观类型为保护对象，对应 IUCN 中第Ⅲ类和第Ⅴ类，将现状风景名胜区、地质公园、森林公园、湿地公园等纳入风景区类别，可细分为风景名胜区，地质风景区、森林风景区、湿地风景区等。根据不同类型自然保护地保护对象的敏感性分别制定人类行为、人工设施和土地利用负面清单。

行动计划十三：集中开展各自然保护地边界划定和总规修编工作

由规划委员会牵头组织，对全区各类自然保护地进行边界划定和总规修编工作，由评审委员会组织评审。

编制规划的基本原则：第一、要按前期分析成果科学设定总量、目标和分类等；第二、规划编制应具有科学性、真实性和综合性；第三、对自然保护地保护效果作出科学、真实的评价。

行动计划十四：编制国家公园体制改革方案

编制呼伦贝尔草原国家公园体制改革方案、大兴安岭森林国家公园体制改革方案和巴丹吉林沙漠国家公园体制改革方案，纳入“生态文明试验区”改革措施，为申请设立内蒙古自治区东西两翼国家公园打下体制机制改革基础。

国家公园体制改革方案应明确以下内容：在自然保护方面，以国家公园为抓手，优化完善自然保护地体系，并建立统一的管理机构，对具有国家代表性的生态系统实行最严格的保护；在社区共管方面，建立社区共管机制，健全生态保护补偿机制，并完善社会参与机制；在全民公益方面，坚持全民共享，通过保护管理提升生态系统服务功能，积极开展自然环境教育，为公众提供亲近自然、体验自然、了解自然以及作为国民福利的游憩机会。

行动计划十五：率先申请设立东西两翼国家公园

以建立“生态文明试验区”为契机，由内蒙古自治区政府向中央政府提出申请设立呼伦贝尔草原国家公园、大兴安岭森林国家公园和巴丹吉林沙漠国家公园，在内蒙古自治区东西两翼率先实现“建立以国家公园为主体的自然保护地体系”的目标。

依托呼伦湖和呼伦贝尔大草原建立呼伦贝尔草原国家公园，保护大尺度草原生态系统；依托大兴安岭北部建立大兴安岭森林国家公园，保护大尺度原始森林的原真性与完整性；依托阿拉善右旗和额济纳旗建立巴丹吉林沙漠国家公园，保护大尺度的荒漠生态系统与沙漠生态系统。整合自然保护地体系，协调各保护地边界，解决重复管理、边界重叠等问题。

行动计划十六：设立国家公园管理机构

为呼伦贝尔草原国家公园、大兴安岭森林国家公园和巴丹吉林沙漠国家公园分别设立统一的国家公园管理机构，进行管理体制机制改革。在人员编制、财政投入等方面积极探索改革举措，实现国家公园“统一、高效、规范”管理（图 4–12）。

呼伦贝尔市的大兴安岭区域，冬季严寒且漫长，不适合大量人口生活。建议在内蒙古大兴安岭重点国有林管理局的人员基础上，组建大兴安岭森林国家公园管理局，通过财政补贴、提前退休等政策，削减工作人员，疏解林业局辖区内的居民。

行动计划十七：编制国家公园总体规划和专题规划

由内蒙古自治区规划委员会和规划评审委员会牵头编制《呼伦贝尔草原国家公园总体规划》《大兴安岭森林国家公园总体规划》和《巴丹吉林沙漠国家公园总体规划》，并完善相关的生态保护、社区、生态体验、体制机制等专题规划，捋清国家公园边界、保护与利用、自然保护与社区发展、生态体验等关系（图 4–13）。

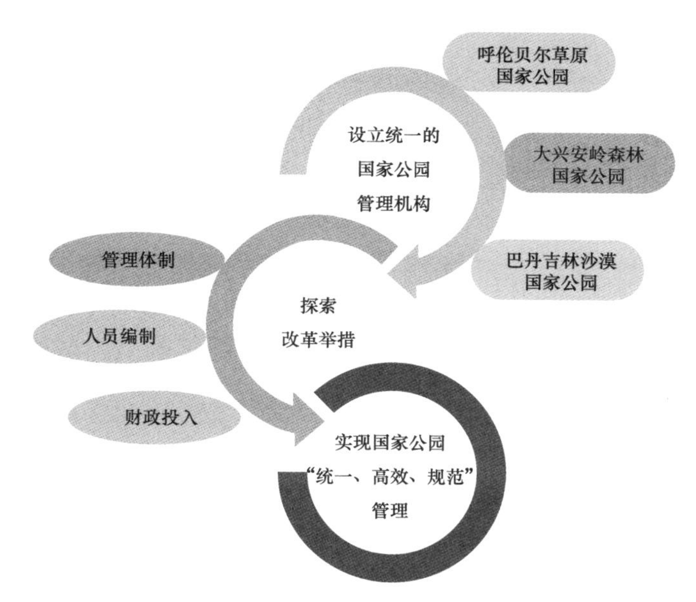

■ 图 4-12 设立国家公园管理机构示意图

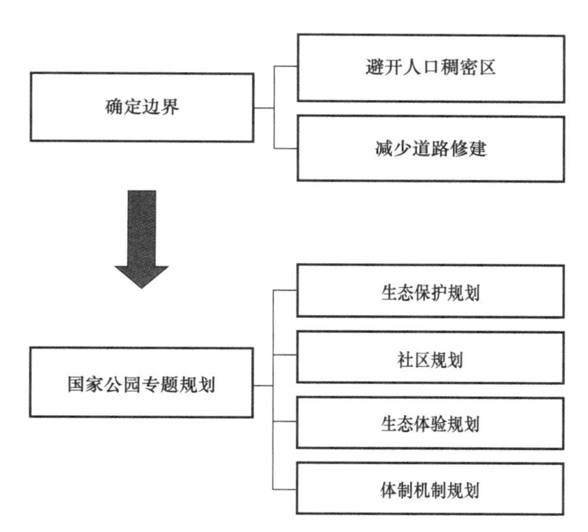

■ 图 4-13 编制国家公园总体规划和专题规划示意图

国家公园边界划定尽量避让人口稠密区域，减少生态移民规模，并合理评估设施等级、利用程度和改善需求，尽量减少道路修建；同时，科学确定国家公园空间布局，统筹考虑自然生态系统的完整性与周边经济社会发展的需要，对社区居民点空间布局进行调控，明确社区居民生产生活的空间界限，限制国家公园可进入区域。

行动计划十八：规范设置保护地管理机构

目前，中央层面由国家林草局统筹管理各类自然保护地，内蒙古自治区层面相应的机构调整方案尚未出台。但可以明确的是，由一个政府部门统一负责管理现有自然保护地势在必行，“一地多名、一地多管”的情况将从根本上消除。同时，规范设置保护地管理机构是理顺管理体制机制的基础性保障，需要树立基层管理单位的权威性，使保护管理范围与自然保护地的申报边界相一致，实现保护管理权限全覆盖。对于已进驻保护地的非相关机构，应有计划、分批次地撤销、腾退（图 4–14）。

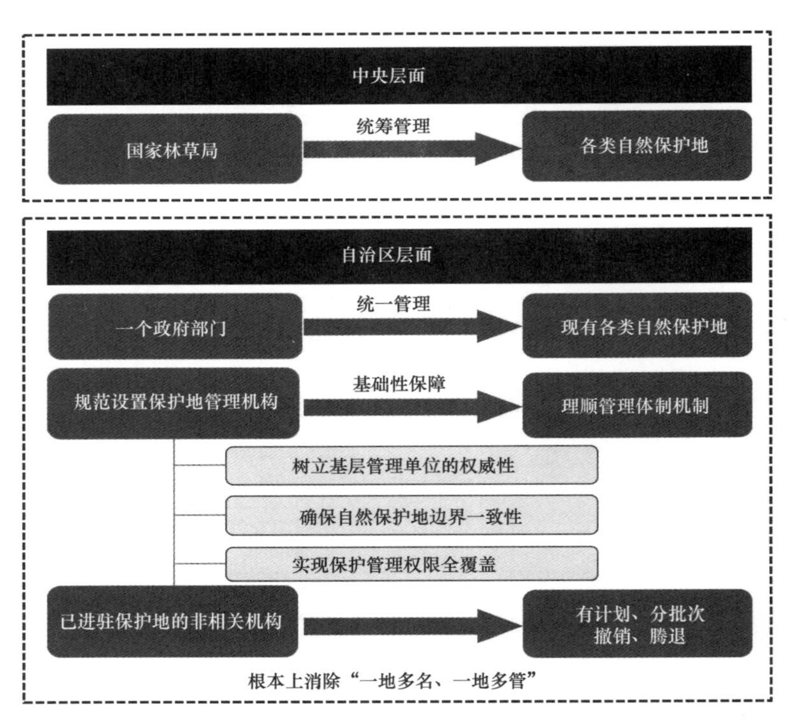

■ 图 4–14 规范设置各级保护地管理机构示意图

行动计划十九：明确划分各级政府保护管理权责关系

明确中央政府、内蒙古自治区政府、盟市政府和旗县市政府对于自然保护地的管理职责，并由各级责任主体安排相应的资金投入和人员编制，解决基层保护地管理单位权责不平衡的困境，并缓解基层政府财政压力。在国家和自治区层面，可适当调整专项治理资金投入比例，增加保护地管理常规预算规模，使日常管护、监测工作发挥充分作用。在自然保护地范围内进行特许经营的企业，对生产经营活动产生的生态影响负有主要责任，应承担与其所得利益对等的责任与义务（图 4-15）。

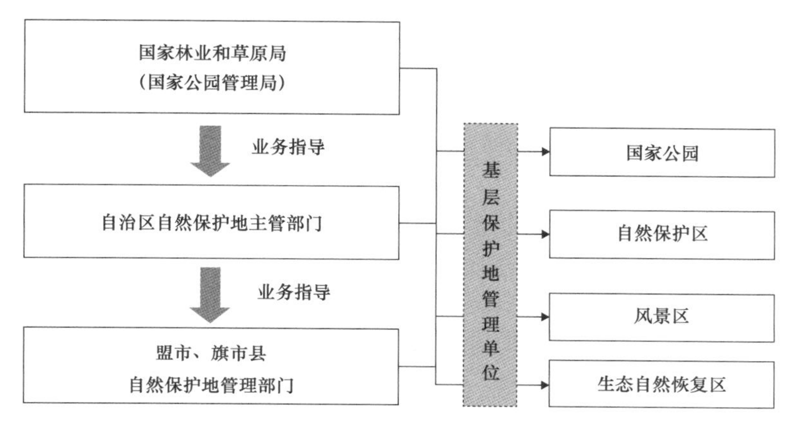

■ 图 4-15 自治区自然保护地管理机构工作层级示意图

行动计划二十：内蒙古自治区统筹推进保护地立法

积极推动《内蒙古自治区自然保护区管理条例》《呼伦贝尔草原国家公园管理条例》《大兴安岭森林国家公园管理条例》和《巴丹吉林沙漠国家公园管理条例》等地方性法规的立法工作，实现国家公园和国家级自然保护区“一园一法（条例）”的目标，明确规定保护地管理的相关法律责任。拥有立法权的盟市、设区市和少数民族自治旗可结合当地实际情况和管理需要，出台自然保护相关的地区性法规，将“分类定策”战略通过法律的形式落实（图 4-16）。

行动计划二十一：内蒙古自治区建立生态税赋制度

在内蒙古自治区层面建立生态税收体系，提高资源利用成本，严惩破坏环境的行为。按照“污染者付费”的原则，将矿产开采、地下水超采、水污染排放、固体废物填埋和有害气体排放等行为纳入生态赋税征收范围，并以法律形式规定征收区域，拟定合适的税率。所征税款通过设立公共基金的方式，主要用于生态环境受干扰区域的监测和治理工作，精简资金使用流程，做到专款专用。同时，按照“环境友好减税”原则，使环境友好型企业低赋税，资源浪费型企业高赋税，鼓励对资源合理、高效利用的生产方式，引导企业通过技术革新提升资源利用效率（图 4-17）。

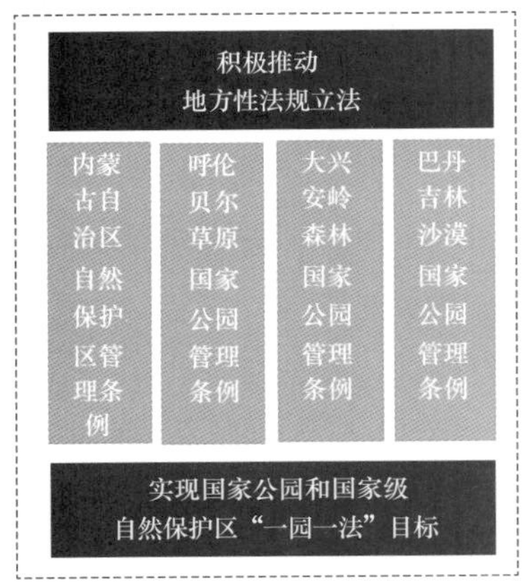

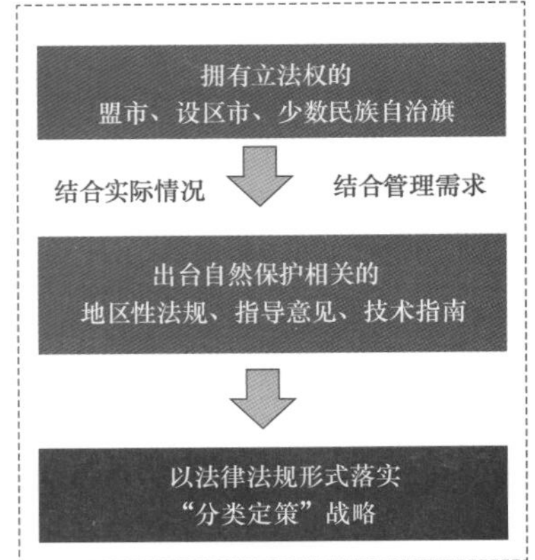

■ 图 4-16　统筹推进自治区保护地立法工作示意图

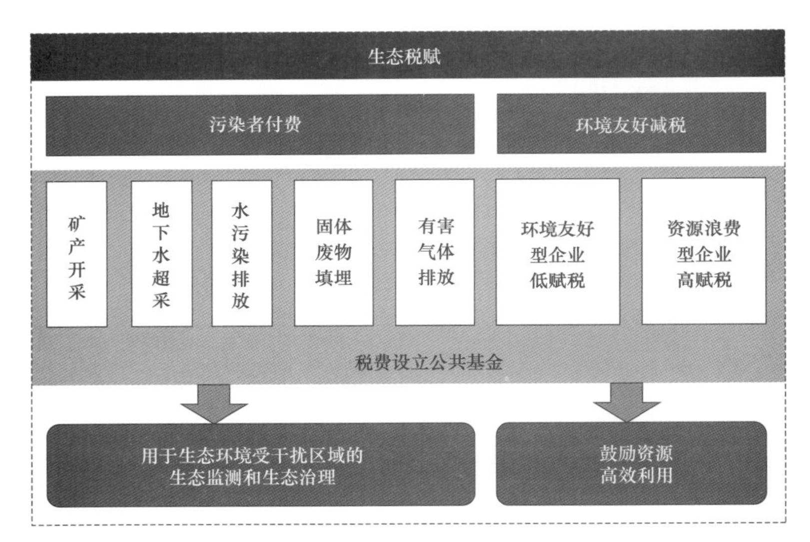

■ 图 4-17　建立生态税赋制度示意图

行动计划二十二：完善生态补偿激励机制

按照“受益者支付，付出者获偿”的原则，在内蒙古自治区范围内建立横向补偿机制。例如，上游地区为生态环境保护所损失的经济利益和社会发展机会，应考虑由下游地区给予一定的资金补偿，提升地方政府建立自然保护地的积极性。建议采用“一事一议”的方式，在自治区政府的组织和协调下，鼓励生态利益相关方直接参与并充分沟通，在区域之间建立契约式生态服务合作平台（图 4-18）。

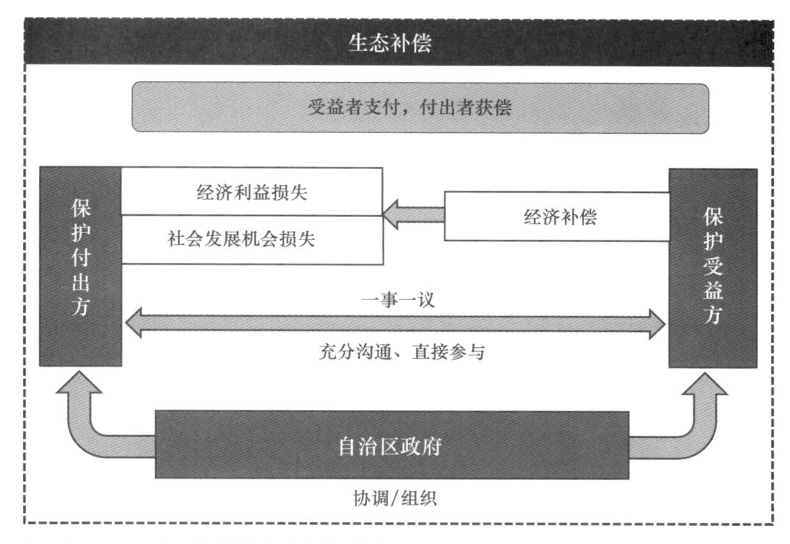

■　图 4-18　生态补偿激励机制示意图

行动计划二十三：细化土地使用权与收益权

对于划入自然保护地范围的社区，集体土地的使用权限应纳入自然保护地管理机构统一管理或进行前置审批。使用权具体包括耕种、放牧、捕捞、采集等传统生产方式，以及旅游经营、土特产销售等商业活动。社区居民受到保护管理要求限制强度、空间范围和时间跨度作为其获取生态补偿的关键依据。同时，当社区为促进生态系统服务功能而放弃部分土地使用权时，应在区域生态补偿转移支付和生态工程专项资金中按比例反哺于国家公园社区，通过改善社区教育、医疗条件、提升环卫基础设施建设等方式进行补偿（图 4-19）。

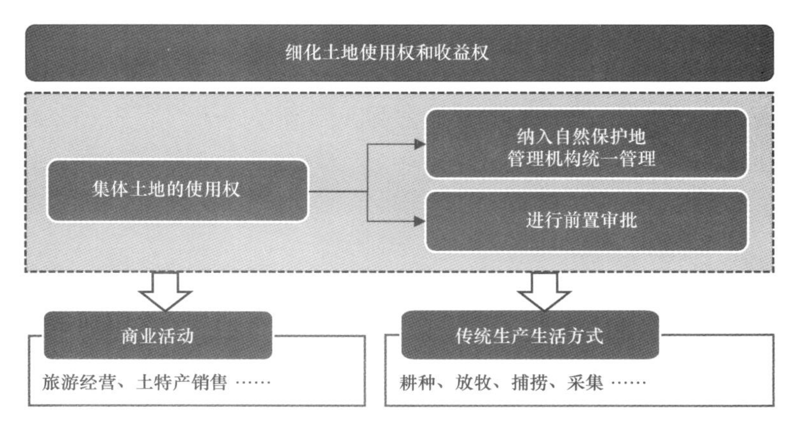

■　图 4-19　细化土地使用权与收益权示意图

应充分考虑依赖自然资源的传统生产生活方式与生态保护目标的一致性和差异性，使保护管理政策的限制强度、空间范围和时间跨度成为当地社区获得生态补偿的关键依据。合理界定社区集体和居民个人的受限补偿方式，社区集体可以通过建立对口帮扶机制、教育和医疗资源倾斜、特许经营授权等方式进行补偿，居民个人可以通过货币支付、就业转移、居住安置等方式进行补偿。

行动计划二十四：明确规定土地利用限制行为和程度

在科学研究和事实依据的基础上，评估人类干扰对自然资源的影响程度及范围，充分考虑依赖自然资源的传统生产生活方式与生态保护目标的一致性和差异性，进而制定保护管理要求并对限制性行为划分等级。例如：采石、挖沙、开矿、工业排污等行为均属于严格禁止的行为；狩猎、放牧、植被疏除等行为在自然保护地不同区域内，其限制条件和约束强度应有所区分，社区居民获得的生态补偿方案也应随之灵活调整（图 4–20）。

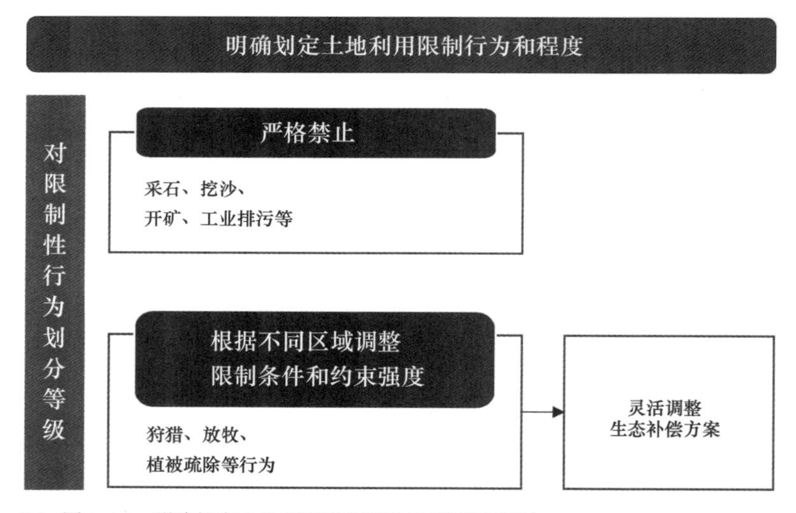

■ 图 4–20　明确规定土地利用限制行为和程度示意图

行动计划二十五：明确受限补偿主体

合理区分自然保护地范围内社区集体和居民个人的受限行为与受限程度，社区受限则补偿社区，例如通过建立对口帮扶机制、倾斜教育和医疗资源、就业转移优先安置等方式。个人受限则补偿个人，在区域生态承载力总量不变的情况下，社区居民主动放弃对自然资源利用、经营的权利（指标）应单独获得补偿，补偿资金或等值福利可以来自自然保护地管理机构、保护地特许经营单位、保护地周边受益主体等（图 4–21）。

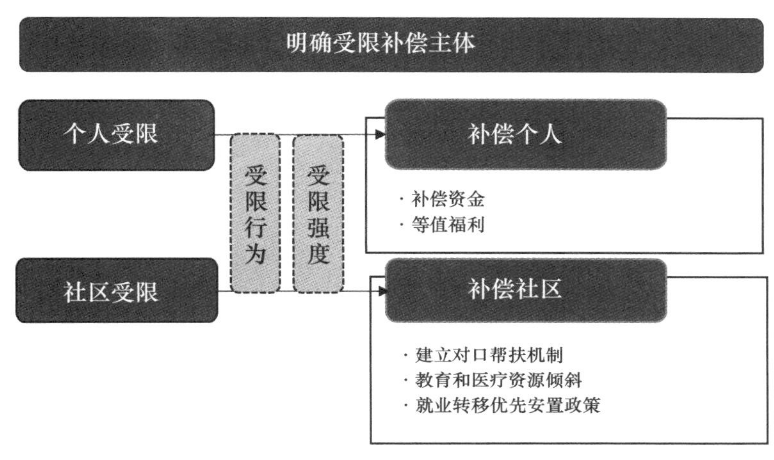

■　图 4–21　明确受限补偿主体示意图

第5章

呼伦贝尔国家公园规划研究

科学识别呼伦贝尔在地质地貌、水文、生态系统、物种多样性、文化景观五方面的价值，基于价值识别提出国家公园战略规划方案。为更好地解决呼伦贝尔在自然保护方面所存在的科学保护不力、传统牧业受阻、管理体制不顺三大主要问题，提出了国家公园建设的多解规划方案，分别是整体性方案——呼伦贝尔森林草原国家公园、独立性方案——呼伦贝尔草原国家公园和大兴安岭森林国家公园，并从社区共管、保护、访客体验、体制机制四方面进行专项战略规划。

5.1　价值识别

地质地貌价值：呼伦贝尔大兴安岭林区包括我国唯一一片地带性多年冻土分布区的一部分，也是我国火山熔岩地貌和第四纪火山群的典型分布区。

水文价值：呼伦贝尔大草原孕育了中国北方第一大淡水湖呼伦湖和中蒙界湖贝尔湖两个天然湖泊；大兴安岭林区湿地是寒温带针叶林区典型森林湿地的代表性，密布的水网孕育了额尔古纳河和嫩江，有“东北亚水塔”之美誉。

生态系统价值：呼伦贝尔地处重要的生态系统交汇区，包含重要的森林生态系统和草原生态系统，与蒙古国和俄罗斯交界区域具备成为世界自然遗产的潜力。同时，呼伦贝尔是我国北方典型的生态脆弱区。

物种多样性价值：呼伦贝尔市大兴安岭森林是世界范围泰加林地带南延部分的最南端，长白山植物区系、华北区系和蒙古区系渗透其中，形成复杂的物种组成和丰富的植物种类；呼伦贝尔地区是八条全球候鸟迁徙路线之一——东亚／澳大利亚迁徙线（EAAF）的重要节点，分布的受威胁的鸿雁数量占全球的 20%，是全球鹤类繁殖数量最多的区域。

文化景观价值：呼伦贝尔地区是鲜卑族的发祥地，是蒙古族的起源地。呼伦贝尔地区保留了大量中国古代民族墓葬和古遗址，见证了东胡系统的鲜卑、韦室、契丹族繁衍和繁荣的进程。

5.1.1　地质地貌特征与价值识别

呼伦贝尔大兴安岭林区包括大兴安岭多年冻土区的一部分。大兴安岭多年冻土区是我国唯一一片地带性多年冻土分布区，也是欧亚大陆纬度冻土带的南缘，对气候变化十分敏感。作为极端脆弱的生态系统，冻土区具有极高的保护价值和科研价值。大兴安岭多年冻土区可分为北部区域大片多年冻土带与南部区域的河谷岛状多年冻土带。多年冻土和植被是寒区生态系统的重要组成部分，两者相互依存，植被对冻土层的改变尤其敏感。近年来气候变暖和人类活动造成多年冻土层的大规模退化，土壤水分含量的改变，最终导致植物群落和植被格局的变化。

呼伦贝尔市是我国火山熔岩地貌和第四纪火山群的典型分布区，具有极高的景观价值和科研价值。呼伦贝尔市的第四纪火山遗迹主要位于大兴安岭林区，以阿尔山—柴河火山群为代表。火山熔岩地貌独特而复杂的自然环境孕育了种类丰富的植物资源，对研究古气候有着重要的意义。

5.1.2 河流湿地特征与价值识别

（1）河流

呼伦贝尔市的大兴安岭林区是包括额尔古纳河和嫩江在内的500多条河流的发源地，有“东北亚水塔”之美誉，是“东北粮仓”淡水资源的重要补充。其中，额尔古纳河是著名的国际重要河流，是中俄两国的界河，也是黑龙江的正源。嫩江发源于大兴安岭东麓，汇入松花江，与松花江冲积形成富饶的松嫩平原。

（2）湖泊

呼伦贝尔市拥有呼伦湖和贝尔湖两个天然湖泊。其中，呼伦湖面积2038km^2，是中国第五大淡水湖，也是中国北方地区第一大湖。贝尔湖总面积609km^2，是中国和蒙古国的界湖。呼伦湖和贝尔湖哺育着美丽的呼伦贝尔大草原，是草原文化的重要空间载体。

（3）湿地及沼泽

呼伦贝尔市湿地广布。以呼伦湖为主体的呼伦湖湿地是中国北方重要的鸟类栖息地，也是八条全球候鸟迁徙路线之一——东亚—澳大利亚迁徙线（EAAF）的重要节点。

大兴安岭林区湿地是寒温带针叶林区典型森林湿地的代表。林区湿地受人为干扰影响较小，生物群落稳定，生态系统结构完整，功能健全，保持着良好的原生性，具有较高的科学研究价值。大兴安岭林区沼泽地分布广泛，大兴安岭东麓主要分布的泥炭藓属沼泽地具有重要的碳汇价值；西麓分布的芦苇属沼泽湿地是重要的天然储水系统，拥有丰富的动植物资源。

5.1.3 生态系统特征与价值识别

呼伦贝尔市地处重要的生态系统交汇区，包含重要的森林生态系统和草原生态系统，与蒙古国和俄罗斯交界区域具备成为世界自然遗产的潜力。同时，呼伦贝尔地区是我国北方典型的生态脆弱区。

（1）草原生态系统

呼伦贝尔草原位于全球四大草原区之一——欧亚草原区的最东端，地处重要的生态系统交汇区，包括温带草甸草原和典型草原两种草原类型，是欧亚大草原的重要组成部分。呼伦贝尔西部是温带内陆半干旱气候条件下形成的温带典型草原，其植被主要为真旱生与广旱生多年生丛生禾草，某些条件下可由灌木与小半灌木组成，是我国具有代表性和典型性的温带草原类型。

（2）森林生态系统

呼伦贝尔市大兴安岭森林是世界范围泰加林地带南延部分的最南端，是我国唯一的寒温带针叶林区，拥有我国最具代表性的、保存完好的西伯利亚针叶林群落。大兴安岭森林的树种组成比较简单，优势树种包括兴安落叶松、白桦、山杨、蒙古栎和樟子松，是我国针叶林生态系统密度最高且品质最优质的区域，是我国最具代表性的寒温带森林。大兴安岭林区也是我国重要的林业生产基地，拥有大面积的国有天然林，起到了重要的防风固沙和抵御寒流等生态系统服务功能，是嫩江流域和松花江流域的天然生态屏障。

（3）森林—草原生态交错区

呼伦贝尔市森林—草原交错区位于大兴安岭北段山地及其两麓至呼伦贝尔高原一侧，是大兴安岭林区与呼伦贝尔大草原唇齿相依的区域。交错区是环绕着大兴安岭针叶林带及中温型夏绿阔叶林带而连续分布的一个狭长的森林与草原两类植被共存的生态过渡带，也是欧亚大陆针叶林向南延伸的一个重要生态类型区和北极泰加林、东亚阔叶林与欧亚大陆草原相互交融的生态交错区[1]。

呼伦贝尔市森林—草原交错区是我国北方重要的生态屏障，对维护东北乃至华北地区的生态安全有重要的战略意义。从地理位置上看，这个区域属于大兴安岭西麓山地向呼伦贝尔高原过渡的交错地带；从植被上看，属于大兴安岭落叶、针叶林区向呼伦贝尔典型草原的过渡地带；从资源利用上看，属于林区向牧区的过渡地带。因此交错区是两个生态系统之间生态流流动的通道和生态屏障，且边缘效应显著，是许多边缘物种的栖息地和起源地。

5.1.4　动植物物种特征与价值识别

呼伦贝尔的大兴安岭林区位于东西伯利亚植物区系，长白山植物区系、华北区系和蒙古区系渗透其中，造就了林区复杂的物种组成和丰富的植物种类。林区分布珍稀濒危保护植物 34 种，其中国家级保护植物 8 种。

在内蒙古的濒危物种名录中，超过一半的物种在呼伦贝尔地区有分布，在科学研究和生态保护方面具有突出价值（表 5-1）。呼伦贝尔地区是中国北方重要的鸟类栖息地，也是八条全球候鸟迁徙路线之一——东亚—澳大利亚迁徙线（EAAF）的重要节点。呼伦贝尔地区分布的受

1　刘立成．呼伦贝尔森林—草原生态交错区景观格局时空动态研究［D］．北京林业大学，2008.

威胁的鸿雁数量占全球的20%，是全球鹤类繁殖数量最多的区域。呼伦贝尔草原整体属全国35个生物多样性保护优先区域之一，是丹顶鹤、白鹤、黑鹳、黄羊等重要物种及其栖息地。大兴安岭林区保持了较高的荒野度，是众多野生动物的栖息地、繁殖地，候鸟迁徙的停歇地，也是中国动物多样性的代表地区之一。分布国家一级保护动物貂熊、紫貂等共14种。

内蒙古珍稀野生动物名录[1] **表 5-1**

资源类别	类别	中文名称	濒危程度[2]
国家一级保护动物/内蒙古一级保护动物	鸟类	白鹤	CR（极危）
		白头鹤	VU（易危）
		丹顶鹤	EN（濒危）
		东方白鹳	EN（濒危）
		中华秋沙鸭	VU（易危）
		遗鸥	VU（易危）
		大鸨	VU（易危）
		玉带海雕	VU（易危）
		白枕鹤	VU（易危）
		白尾海雕	NT（近危）
		胡秃鹫	LC（无危）
		游隼	LC（无危）
		黑鹳	LC（无危）
		金雕	LC（无危）
	兽类	貂熊	EN（濒危）
		紫貂	EN（濒危）
		黄羊	VU（易危）
		原麝	VU（易危）
		梅花鹿	EN（濒危）

1 选取标准：《内蒙古重点保护动物名录》中的国家一级保护动物与内蒙古一级保护动物 http: //www.nmgepb.gov.cn/ywgl/stbh/sthjbh/201010/t20101011_43181.htm.

2 汪松.（2004）. 中国物种红色名录. 北京: 高等教育出版社.

5.1.5　文化景观特征与价值识别

呼伦贝尔地区是鲜卑族的发祥地，是蒙古族的起源地。

额尔古纳河流域是蒙古族的历史摇篮。多数学者认为蒙古族属于古代少数民族中的东胡系统中的鲜卑族。居住于兴安岭的鲜卑族称为“室韦”，蒙古部落最初是室韦的一个部落，称为“蒙兀室韦”。“蒙古”最初只是蒙古诸部落中的一个部落的名称，后来逐渐吸收和融合了聚居于漠北地区的森林狩猎部落和草原游牧部落，发展成为这些部落的共同名称。可以认为东胡是蒙古族最初的起源，而鲜卑族是蒙古族产生与发展的重要阶段。

呼伦贝尔地区保留了大量我国古代民族墓葬和古遗址，见证了东胡系统的鲜卑、韦室、契丹族群繁衍和繁荣的进程。在大量历史遗存中，大兴安岭的嘎仙洞遗址具有重要的意义，遗址的铭文清楚地记载了鲜卑族建立北魏后派人前往此地祭祖的历史事件，确立了嘎仙洞是鲜卑族的发祥地的历史事实。大兴安岭的古代民族墓葬出土了大量的陶器、桦树皮、骨头、铜器、铜器工艺品和石器等祭祀物品，反映了迁徙到额尔古纳盆地后的鲜卑族适应当地的自然条件，形成自己的文化习俗，进一步发展生产力的过程。金界壕遗址，巴彦乌拉古城等少数民族的古遗址，反映了该地区建立强大的王国、加强军事防御并巩固边界的过程。上述所有文物构成了该地区的历史文化证据，见证了少数民族的发展和演变。

5.2　现状问题

5.2.1　科学保护不力

（1）部分自然保护区孤岛化、破碎化现象严重

呼伦贝尔市部分自然保护区受到人类活动的影响，特别是公路、铁路等大型线性工程的切割，导致自然保护区孤岛化和破碎化的状况日益严重。

一方面，部分珍稀濒危物种的栖息地由于被分割且缺乏必要的生态廊道，使得种群间无法沟通。例如，由于气候寒冷、水源及食物匮乏，巴尔虎黄羊自然保护区每年3～6月会有成千上万只黄羊越过中蒙边界，进入中方领土以寻求适宜生境。但中蒙边境钢丝网的阻隔导致黄羊无法正常迁徙，使保护区境内黄羊等有蹄类动物数量减至极少。从20世纪90年代初至今，黄羊数量由20万只锐减到不足500只，黄羊保护区也

面临几乎没有黄羊的尴尬局面。

另一方面，自然保护区孤岛化阻碍了对生态系统更有效的大面积保护。例如，中俄蒙达乌尔国际自然保护区由中国呼伦湖、蒙古国蒙古达乌尔（Dauria）、俄罗斯达乌尔斯克（Даурский заповедник）三个自然保护区共同组成。俄罗斯“达乌尔斯克国家级自然保护区”和蒙古国“蒙古达乌尔国家级自然保护区”的边界相连接使保护区得到更好的联合保护。为更好地与我国进行联合保护，俄罗斯达乌尔斯克自然保护区边界接壤中国边境，为与中方的呼伦湖自然保护区联合保护打下了坚实的基础，而我国的呼伦湖自然保护区却始终与两者分开，使得三国合作受阻，导致我国呼伦湖国家级自然保护区在达乌尔自然保护地体系中成为孤岛。

（2）呼伦贝尔地区水质和水量受到严重影响

① 水质污染严重，水量不足

呼伦湖是我国北方第一大淡水湖，素有“草原明珠”之美誉。然而，呼伦湖富营养化情况严重，在我国重点湖库中，富营养化情况第二严重，且是少有的富营养情况加重的重点湖库之一。一方面，数年的干旱使呼伦湖水面大面积萎缩，湿地植被退化，威胁鸟类和经济鱼类的生存；克鲁伦河、乌尔逊河、哈拉尔等河流径流量减少，入水量减少使得呼伦湖水位下降严重，水体营养物浓度上升。另一方面，沿河牧场过度放牧以及呼伦湖不规范的渔业操作使得外来污染物增加，加剧了呼伦湖富营养化的程度。20 世纪 70 年代以后，工矿业、农业和交通运输业的发展使大量生活污水和工业废水被排入湖中，导致呼伦湖的重金属元素含量急剧上升；1992 年之后，自然保护区的建立和呼伦湖治理工作虽然使重金属元素含量呈下降趋势，但是 Cd 和 As 等污染物的潜在生态风险仍处于较高水平。

呼伦湖环境治理与生态保护是筑固中国北方生态屏障的重要任务，经过 2016 年和 2017 年的治理，生态环境有一定好转，但问题依旧突出。监测数据显示，与 2015 年相比，2016 至 2017 年呼伦湖虽然总氮、高锰酸盐指数有所下降，但 COD、总磷、氟化物指标却不降反升。2015 年、2016 年、2017 年呼伦湖 COD 平均浓度分别为 64.6mg/L、70.2mg/L 和 72.8mg/L，总磷分别为 0.112mg/L、0.106 mg/L 和 0.127 mg/L，氟化物分别为 1.65 mg/L、1.75 mg/L 和 1.85 mg/L，水质仍为劣Ⅴ类（图 5-1）。

② 人类活动持续影响

由于配套基础设施不完善、产业布局不合理和监管不到位等问题，人类活动如工业园区开发、城乡生活和农业生产，严重影响呼伦贝尔地区水质水量，加速呼伦贝尔地区水域和湿地面积萎缩、水质变差的进程，特别是小型湖泊干涸，数量不断减少，导致其生态功能不断减退甚至丧失。

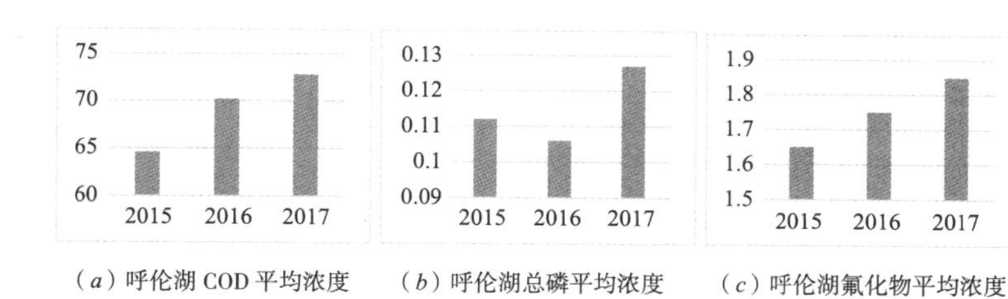

（a）呼伦湖 COD 平均浓度　（b）呼伦湖总磷平均浓度　（c）呼伦湖氟化物平均浓度

■ 图 5-1　呼伦湖水质部分监测数据（2015、2016、2017 年）

呼伦贝尔市工矿企业等第二产业的发展导致污染土壤资源，影响地表水和地下水水质和水量。截至 2017 年，全市自然保护区内存在的 45 处探矿权中，已注销或已向发证机关申请公告注销的 27 宗、在期有效的 18 宗，已全部停止勘查活动[1]。但仍需加快完成工矿企业腾退撤离保护区工作；呼伦湖流域具有省级以上工业集聚区 5 个，其中依托城镇污水理厂进行污水处理 2 个，自建污水处理厂 2 个。呼伦湖流域具有污水处理厂共 7 座，污水处理率在 90% 以上。2016 年垃圾处理厂填埋方式处理污泥，处理率达 70%。而在 2017 年第一季度和第二季度，呼伦湖及其入（出）河流共监测断面 10 个，检测结果为呼伦湖去水质总体保持劣 V 类[2]。

位于呼伦湖西南端克鲁伦河上游的熟皮厂和硝矿，排放的主要污染物有氨氮、农药、氟化物、砷、汞、酚等；呼伦湖东北端的小河口渔场和旅游区，人类活动比较频繁，对湖水的影响较大；呼伦湖西北侧修建中性水库设施，挖沟排水，导致湿地水位发生变化。呼伦湖生态环境治理一期工程项目实际投资 13.15 亿元，经过两年治理，总氮、高锰酸盐指数有所下降，但化学需氧量（COD）、总磷、氟化物指标却不降反升，水质仍为最差的劣 V 类[3]。

近年来由于气候干旱、地下水位下降、探矿破坏、农业开垦污染物质侵入湿地等人为因素，额尔古纳河两岸湿地面积逐年减少，仅存的天然湿地也被道路、农田等分割破碎，湿地水分难以流通，导致湿地生态功能严重退化。同样，海拉尔河受海拉尔区城市排污影响明显，导致水质有机污染加重，汇入额尔古纳河影响其水质。因此河湖治理不能仅局限于单一流域，而应该放眼于整个地区。

③ 治理工程效果欠佳

自治区各有关部门和呼伦贝尔市在呼伦湖治理项目实施中，缺乏有效的协同推进机制与监督考核机制，导致呼伦湖治理工程变更随意，进展不顺，效果不佳。

呼伦湖治理工程存在部分治理工程随意调整变更现象。自治区政府 2017 年批复的《呼伦湖流域生态与环境综合治理一期工程（2016-

1　中共呼伦贝尔市委员会《关于自治区党委第三巡视组反馈意见整改情况的通报》。
2　内蒙古自治区人民政府办公厅《关于印发〈内蒙古自治区生态环境保护“十三五”规划〉的通知》。
3　内蒙古自治区呼伦湖水质变化特征及其影响因素参考。

2017年）实施方案》中明确的20个治理工程项目，截至2017年年底，2个被调出实施范围；剩下的18个项目中，16个项目的实施内容大幅变更；只有2个项目总体按计划执行，工程项目调整变更率达到90%。拆迁景区内的餐饮和经营场所，是减少污水排放和垃圾产生的重要举措，但因为拆除实施难度大，这一项目前被直接调出。

治理工程项目存在资金分配随意，相应投资变更严重等问题。一方面，资金投入不到位。一期工程项目总投资21.08亿元，实际落实只有13.15亿元。其中，农村安全饮用水项目计划投资1亿元，实际仅投入640万元。另一方面，资金分配不均，避重就轻。有难度的项目被调出实施范围，对于环境治理影响较大的项目往往被延期或简化，而涉及保护区管护能力的项目却被显著扩大规模、提高投资。在一期工程实际实施的18个项目总投资达13.15亿元，其中用于管护、执法能力的项目投资4.25亿元，投资占比高达32.3%[1]。

（3）部分自然保护区边界范围不科学、不明确

呼伦贝尔市一些自然保护区在建立时受到多方影响，导致自然保护区的界限不明确或实际管控边界与批准边界存在较大偏差。一方面，部分保护区的边界范围与功能区划布局不合理，人口密集的乡镇、村庄被一并划入保护区内；另一方面，部分保护区边界不明确，甚至相当一部分县级保护区无明确边界，导致应保护的野生动物栖息地未能得到有效保护，致使其栖息地减少、生境恶化。此外，东部区域也存在保护空缺。

例如，辉河自然保护区，保护区实际范围与报审图纸范围存在偏差，这对保护区工作人员开展保护工作带来影响；巴尔虎黄羊自然保护区内核心区、缓冲区、试验区的土地多数为集体草场和牧民承包草场，保护区土地确权问题一直没有得到解决，导致保护区与社区居民争议不断，一定程度上影响了自然保护区的日常管理和监督执法；额尔古纳湿地自然保护区、胡列也吐湿地自然保护区中均存在口岸城市，对生态保护造成了一定影响；东部大兴安岭区域存在较多保护空缺，对森林生态系统完整性的保护不足。

（4）资源家底不清、科研监测能力薄弱

呼伦贝尔市自然保护区数量众多，但除国家级自然保护区能够定期进行综合科学考察外，很多地方级自然保护区存在本底不清、家底不明的情况。专项经费不足，科研监测能力薄弱，使得科学保护不力，监测体系欠缺，导致对现有自然保护地资源状况与保护目标保护状况的掌握不清晰、不明确，对保护区内特殊物种亦缺乏必要的监测数据。

例如，汗马国家级自然保护区缺乏科研监测能力，尚不具备信息化、数字化等技术，导致对保护区内保护物种的情况掌握不明确；巴尔虎黄

1 人民网．内蒙古“一湖两海”治理进展缓．[2018-07-06]．http://env.people.com.cn/n1/2018/0706/c1010-30130633.htm.

羊自然保护区建设资金和人员编制人员严重不足，目前保护区工作人员仅 5 人，其中在编人员 3 人，限制了保护和科研工作的进行。

自然保护区管理与科研能力尚待加强。多数保护区缺乏应有的资金和人才支持，无法完全依靠自身力量完成监测和科研。人员不足、管护设施不完备，只能依赖与其他科研单位的合作才能将科研成果用于保护区，在保护与科研方面较为被动。

5.2.2　传统牧业受阻

（1）草场面积减退，载畜量过高

人为因素的影响导致草场大面积退化。自 20 世纪 80 年代以来，载畜量逐年升高且超过环境承载力，耕地面积的增加也进一步破坏了草原生态系统的稳定性。呼伦贝尔市草原面积较 20 世纪 80 年代减少了 134.73 万 hm^2，变化率为 11.92%。同时，1989-1999 呼伦贝尔市牧业四旗（新巴尔虎左旗、新巴尔虎右旗、陈巴尔虎旗、鄂温克族自治旗）耕地面积增加了 14.33 万 hm^2，增长了 455.0%。截至 2008 年，呼伦贝尔市草地面积 995.08 万 hm^2，其中退化草地面积已达到 345.05 万 hm^2，占可利用草地面积的 37.45%[1]。2009-2016 年，呼伦贝尔草原呈现由中东部向西部退化演进的趋势，退化面积占比呈现出不断上升的趋势[2, 3]。

（2）传统牧业形式受阻，生态影响尚待研究

自 20 世纪 80 年代中期开始，内蒙古一些地区在牲畜承包的基础上实行草原集体使用、农民分户承包经营的“双权一制”管理体系，即落实草牧场所有权和使用权，实施草牧场有偿使用家庭联产承包责任制。这一制度用以改变原有草原利用的“草原无主、放牧无界、牧民无权、侵占无妨、建设无责、破坏无罪”的破坏式发展模式，避免“公地悲剧”的发生。

“双权一制”模式在空间上以网围栏方式落实到土地，改变了传统牧业大面积游牧的形式，对生态系统产生了一系列负面影响。例如，网围栏阻隔了野生动物获取水源、食物和迁徙的路线，影响草原生态系统的稳定性。

围栏建设画地为牢，在草场到户的政策下，出现了一些违背政策初衷的现象，存在转租、无节制放牧、放牧结构不合理等诸多问题，同时草原上废弃的围栏随处可见，是极大的资源浪费。

（3）传统文化濒临丧失

呼伦贝尔地区是鲜卑族等世界游牧民族的起源地，也是蒙古族等中国北方少数民族和游牧民族的发祥地之一。多个少数民族长期生活在呼伦贝尔大草原和大兴安岭的森林之间，因而呼伦贝尔地区至今仍保存着独

1　朱立博，王世新，王宇，张薇．呼伦贝尔草原保护的对策思考［J］．草业与畜牧，2008（05）：27-31.

2　李林叶，田美荣，梁会，陈艳梅，冯朝阳，渠开跃，钱金平．2000—2016 年呼伦贝尔草原植被覆盖度时空变化及其影响因素分析［J］．生态与农村环境学报，2018，34（07）：584-591.

3　李林叶，田美荣，梁会，陈艳梅，冯朝阳，渠开跃，钱金平．2000—2016 年呼伦贝尔草原植被覆盖度时空变化及其影响因素分析［J］．生态与农村环境学报，2018，34（07）：584-591.

特的生产、生活方式和民风、民俗文化，具有独特的游牧民族文化景观价值。

生产、生活方式改变导致文化传统改变。分草场到户阻碍了传统牧业方式与轮牧形式，传统牧民定居成为必然，导致传统牧民的生态意识、生产生活方式，以及生产技术水平发生改变。这种改变虽然提升了牧民的生活水平，但是破坏了蒙古族的文化传承。区域传统牧民千万年的生活方式看似是无规律的游荡生活，实则是最大限度利用和保护牧草资源的生产、生活方式。定牧后新一代生态移民牧民的生活方式发生深刻变化，导致定居点成为生产生活活动集中、人畜活动频繁的区域，草原生态系统遭到破坏。

游牧民族的民俗文化逐渐消亡。在诸多民族中，鄂伦春族、鄂温克族和达斡尔族被称为内蒙古自治区的“三少民族”，人口分布主要集中在内蒙古呼伦贝尔市的鄂伦春自治旗、鄂温克族自治旗、莫力达瓦达斡尔族自治旗三个自治旗。三个民族传统的物质资料生产方式是游牧，“逐水草而居”“随畜迁徙”以顺应自然、适应自然生态规律。他们以家庭（父系大家庭）、氏族、胞族、部落、部族等社会组织为社会交往的基础。但是现代文明打破了传统的血缘、亲缘甚至地缘壁垒，弱化了传统的习俗和社会制度。在禁猎、禁牧制度下“三少民族”的传统生活方式受到限制，导致许多传统习俗和礼仪在逐渐消失。

5.2.3 管理体制不顺

（1）自然保护地管理权限分割

呼伦贝尔市域内的自然保护地主要由地方政府和内蒙古大兴安岭重点国有林管理局（简称为林管局）负责管理，从自然保护地管理单位的行政归属上可以清晰界定。在对自然资源保护管理的业务指导上，林管局系统相对独立，因而呼伦贝尔市林业局对于林管局辖区内的森林、湿地、野生动植物资源不具有管理权限（图 5-2）。由行政职能划分而产生的管理分割有其历史成因，以当前自然保护地的管理成效进行分析，这种分割局面既有积极的作用也有消极的影响，需要综合判断。

一方面，林管局对辖区内的林地拥有绝对管理权，辖区内建设用地的划转需要报请国家林草局批复。大兴安岭天然林禁伐后，林管局对于林地的管理更加严格，一定程度抑制了属地政府的建设“冲动”，使北部地区原始森林得到完整保存。在 10.67 万 km^2 的管辖区域内，森林覆盖率达到 80.41%，天然纯林和天然混交林占乔木林地面积的 94.38%。

另一方面，林管局管理的自然保护地与地方政府管理的自然保护地之间缺少业务交流和保护合作，仅在森林防火和防治森林病虫害方面建立了较为成熟的协作机制，但在流域生态保护、野生动物迁徙廊道研究等方面缺少专业合作，导致大面积生态保护效果不佳。同时，在自然保护地能力建设资金上，两套系统各自统筹。林管局目前主要依靠国家天保工程资金，从自治区获得的资金投入渠道较少。

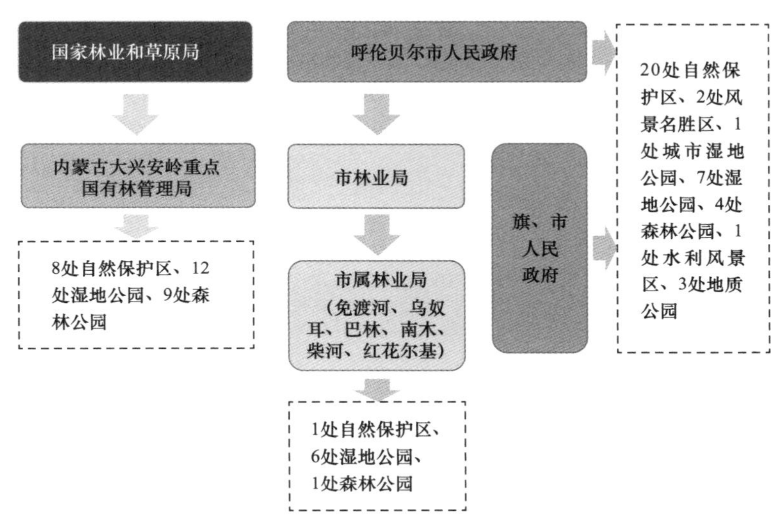

■　图 5-2　呼伦贝尔市域自然保护地管理归属分析

（2）保护资金投入不稳定

相较于林管局管理的自然保护地，由地方政府管理的自然保护地获得资金投入的渠道较为多元，但很不稳定。由国家和自治区拨款的各类专项治理资金“一事一投”，无法在市域层面形成长效统筹，而基层自然保护地管理单位的管护资金则多由县级财政承担。市级财政和自治区财政投入薄弱，造成自然保护地管理单位的支出主要用于基础设施建设、人员工资和办公事业费，用于保护监测和社区共管的预算严重不足（图 5-3）。个别自然保护地还出现了“批而不建、建而不管”的情况，例如额尔古纳国家级风景名胜区、室韦自治区级自然保护区、新巴尔虎黄羊自治区级自然保护区等。

风景游赏资源出众，旅游条件较为成熟的自然保护地（如风景名胜区和森林公园）旅游经营收入相对稳定，但目前缺少制度化的资金反补渠道。旅游经营仍属于自然保护地的创收行为，资源保护监测和社区共建项目无法从中受益，也在客观上降低了游憩体验活动的公益性。

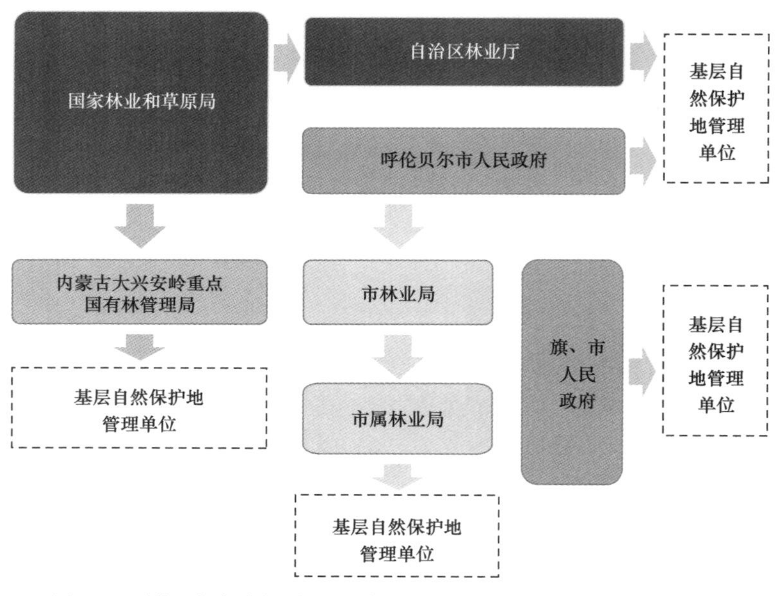

图 5-3 呼伦贝尔市域自然保护地资金投入来源分析

（3）专业人才储备不充足

目前，自然保护地管理单位人员编制不足的问题普遍存在，但专业技术人才储备不足的问题更为急迫。各级自然保护地管理机构普遍拥有生态系统管护能力参差不齐、一线管护人员与行政管理人员比例不均衡、管理队伍内部竞争氛围较弱、内部人才培养缓慢等问题。同时，由于自然保护地多处于条件艰苦的偏远地区，引进和留住高学历的优秀人才较困难，专业技术人员老龄化问题日益加剧，这在北部林区尤为突出。在已经开展的各类科研合作中（与高校、科研院所等），基层自然保护地管理单位的主动性和方向性不足，对研究课题的制定和科研成果的转化亦缺少中长期计划。

（4）保护认识缺少整体性

“山水林田湖草”共同构建了呼伦贝尔的生态格局，需要进行整体保护。目前，各级自然保护地管理机构缺少对生态系统和生态过程完整性的认识，自然资源保护管理“条块分割”严重。在市域层面，对流域生态环境的保护缺少上位统筹与保护协作，例如呼伦湖上游河流源头仍存在多处保护空缺；在自然保护地层面，管理单位对生态系统的管理多为静态保护，如草原限牧和森林禁伐，而未对野生动物的种群数量给予充分关注，使生态系统的健康度和稳定性存在系统性风险。

5.3 国家公园方案

规划提出 2 个国家公园边界划定方案，其一为独立方案，由 2 个国家公园构成，分别为呼伦贝尔草原国家公园、大兴安岭森林国家公园；其二为整体方案，设立一个国家公园，为呼伦贝尔森林草原国家公园。独立方案与整体方案的空间分布和分区规划见附件 4 和附件 5。

5.3.1 建立国家公园的基本原则

（1）国家公园概念

国家公园是指由中央政府批准设立并行使事权，边界清晰，以保护具有国家代表性、原真性和完整性的大面积生态系统和大尺度生态过程为主要目的，实现科学意义上最严格保护的特定陆地或海洋区域。

建立国家公园体制是党的十八届三中全会提出的重点改革任务，是我国生态文明制度建设的重要内容，对于推进自然资源科学保护和合理利用，促进人与自然和谐过程，推进美丽中国建设，具有极其重要意义。

（2）建立国家公园基本原则

按照中办国办印发《建立国家公园体制总体方案》要求，综合考虑内蒙古自治区资源条件，基于呼伦贝尔在内蒙古自治区自然保护地体系建设方面的重要地位，在呼伦贝尔建设国家公园应遵循以下基本原则。

科学定位，整体保护，坚持原真性和完整性原则。坚持将山水林田湖草作为一个生命共同体，统筹考虑保护与利用，对相关自然保护地进行功能重组，合理确定国家公园的范围。原真性是指生态系统、生态过程及其特征不受人类活动干扰，或不因人类活动干扰而产生变化的原初的真实状态。完整性是指生态系统、生态过程及其特征的整体性和无缺憾性，是生态系统在特定自然地理区的最优化状态。这是保证国家公园价值的基本要求，是对“整体保护”的直接体现，也是国家公园划定边界和制定管理政策的准则。

国家主导，共同参与，坚持国家保护属地受益原则。国家公园由国家确立并主导管理。建立健全政府、企业、社会组织和公众共同参与国家公园保护管理的长效机制，探索社会力量参与自然资源管理和生态保护的新模式。加大财政支持力度，广泛引导社会资金多渠道投入。在管理体制和机制设计上，应坚持国家主导管理和保护，明确属地尤其是当地牧民的权益得以保障，让当地百姓通过保护切实得到实惠。

分区规划，分类管理，坚持差别化保护管理原则。按照自然资源特征和管理目标，合理划定分区，实行差别化保护管理，避免“一刀切”的政策，以科学研究为基础，制定符合当地生态系统特征与要求、符合当地实际情况的保护管理政策。

5.3.2 方案比较

规划提出 2 个国家公园边界划定方案，其一为独立方案，由 2 个国家公园构成，分别为呼伦贝尔草原国家公园和大兴安岭森林国家公园；其二为整体方案，设立 1 个国家公园，为呼伦贝尔森林草原国家公园。表 5–2 和表 5–3 列出了主要统计数据，其中人口为根据各方统计资料的计算人口，可能与实际人口数量略有差异。

国家公园方案数据统计表 **表 5–2**

方案	拟建国家公园名称	面积（万 km²）	人口（万人）	人口密度（人 /km²）
独立方案	呼伦贝尔草原国家公园	4.49	4.54	1.01
	大兴安岭森林国家公园	8.21	26.92	3.28
整体方案	呼伦贝尔森林草原国家公园	8.62	13.32	1.55

国家公园方案比较分析 **表 5–3**

	独立方案：2 个国家公园	整体方案：1 个国家公园
完整性	生态系统完整性很高	尚未包括根河以南部分天然林和湿地
	两个国家公园之间的河流廊道需以其他自然保护地形式进行保护	在国家公园内部形成廊道
适宜性	草场已分包到户	草场已分包到户
	森林为国有林区	森林为国有林区
	林区人口较多，人口密度较大（3.28 人 /km²）	平均人口密度适宜（1.55 人 /km²）
改革难度	森林与草原分别管理，可分别进行管理体制改革	森林与草原管理体制现状差异明显，统一管理难度大
	林管局可统一纳入体制改革	林管局部分纳入国家公园体制，未纳入国家公园的部分改革难度大

5.3.3 独立方案：呼伦贝尔草原国家公园和大兴安岭森林国家公园

（1）方案描述

独立方案由呼伦贝尔草原国家公园和大兴安岭森林国家公园两部分组成。总面积约 126933km^2，计算总人口共计 274919 人。

其中，呼伦贝尔草原国家公园面积为 44853.17km^2，计算人口为 46125 人，人口密度为 1.03 人 /km^2；大兴安岭森林国家公园面积为 82080.18km^2，计算人口为 228793 人（其中包括林管局常住人口 191160 人），人口密度为 2.79 人 /km^2。

独立方案中的呼伦贝尔草原国家公园范围包括牧业四旗的部分区域、满洲里的小部分区域以及额尔古纳市的小部分区域。其中，牧业四旗涉及新巴尔虎右旗、新巴尔虎左旗、陈巴尔虎旗以及鄂温克族自治旗的部分区域。

新巴尔虎右旗总面积 25141.48km^2，其中划入国家公园范围内面积 21007.12km^2，涉及人口 21173 人（计算人口）。国家公园范围将巴尔虎黄羊自然保护区、呼伦湖国家级自然保护区纳入其中，以及新巴尔虎右旗西北部区域。该区域接壤蒙古和俄罗斯，应积极与俄罗斯“达乌尔斯克国家级自然保护区”连接。由于此区域亦是黄羊适宜生境和主要迁徙路径，草原生态状态良好，尽管未处于生态红线范围内，仍划入国家公园范围；克鲁伦河由蒙古国发源流入中国境内注入呼伦湖，因此为保护我国境内克鲁伦河下游区域和呼伦湖河流湖泊生态系统，将新巴尔虎右旗县域内克鲁伦河划入国家公园范围内；克鲁伦河以南区域现为大庆油田用地，且不在生态红线中，因此未将此区域划入国家公园中。

新巴尔虎左旗总面积 20065.58km^2，其中划国家公园范围内面积为 8092.65km^2，涉及计算人口 7700 人。旗县北侧未在生态红线范围内，但由于此处为额尔古纳河上游，考虑到生态系统的完整性和原真性，将沿额尔古纳河中心线，即国境线以北区域与生态红线范围内的区域纳入国家公园范围内。新巴尔虎左旗南部地区存在社会经济发展强度大区域，例如口岸城市、工矿企业等建设用地，不纳入国家公园范围。

鄂温克族自治旗总面积 18684.89km^2，其中划入国家公园范围内面积为 4584.31km^2，涉及计算人口 7428 人。由于呼伦贝尔市着力经济社会发展的“T 字轴”纵贯鄂温克族自治旗，因此依据生态红线，将 T 字轴北侧即伊敏河北侧，包括辉河国家级自然保护区在内的区域沿生态红线范围纳入国家公园范围。为“T 字轴”留出集约式点线发展空间。

陈巴尔虎旗总面积 17560.1km^2，其中划入国家公园范围内面积为 9585.60km^2，涉及计算人口 5240 人。陈巴尔虎旗北侧尽管不在生态红线范围内，但为保护额尔古纳河上游重要湖泊湿地生态系统，国家公园边界沿额尔古纳河中线以南，即国境线以南，包括内蒙古陈巴尔虎旗草甸草原自然保护区、莫尔格勒河湿地保护区等在内的自然保护地纳入其中，并以生态红线作为南侧边界范围。

满洲里总面积为762.51km^2，其中划入国家公园范围内面积为156.35km^2。满洲里是中国最大的陆运口岸城市，但由于满洲里东北侧为二卡湿地自然保护区，以及海拉尔河和额尔古纳河两大流域上游交汇点，生态地位极其重要，故将其纳入国家公园范围。

独立方案中的大兴安岭森林国家公园范围包括额尔古纳市部分区域、根河市大部分区域、牙克石市部分区域以及鄂伦春自治旗大部分区域；涉及大兴安岭国有林管局共23处，包括北部原始林区森林管护局（永安山、乌玛、奇乾）、满归、莫尔道嘎、阿龙山、吉拉林、得耳布尔、金河、根河、甘河、阿望河、克一河、伊图里河、图里河、库都尔、乌尔旗汗、杜博伟、吉文、毕拉河、北大河林管局，诺敏森林经营所及额尔古纳自然保护区、汉马自然保护区管理局、毕拉河自然保护区。由于大杨树林管局所管辖区域存在大面积耕地和农村居民点，以及阿尔山地区现为国家级森林公园是著名旅游目的地，淖尔、淖源林管局所管辖区域与其他林管局地理位置分离等人为干扰、区位分离原因，因此未将此四局纳入国家公园范围内。

国家公园边界参考主体功能区、生态红线、现状自然保护地、永久基本农田、城镇发展相关规划、林业局所辖范围等因素划定，同时依据“避镇少路、衰减集中”原则，将建制镇、口岸、重要铁路线等社会经济干扰强的建设用地不纳入国家公园范围内，以更好地保护生态系统，并留出集约式点线发展空间。

（2）价值载体的覆盖度

呼伦贝尔草原国家公园和大兴安岭森林国家公园覆盖了中国境内最有代表性的最优草原生态系统、森林生态系统，湿地生态系统。保护了温带典型草原、世界欧亚温带草原最东端的呼伦贝尔草原，北极泰加林、东亚阔叶林与欧亚大陆草原相互交融的生态交错区，和大范围大兴安岭林区。也使得中国更好地与蒙古和俄罗斯进行自然保护地联合保护，共同维护达乌尔国际湿地区域。

呼伦贝尔森林国家公园的北部原始林区覆盖了冻土区和额尔古纳河、嫩江两条河流的发源地，亦覆盖以寒温带针叶林区为代表的大面积大兴安岭林区典型森林湿地。保护了生态系统的原真性和完整性，同时为野生动物提供了生境良好的生存空间和安全的迁徙廊道。

呼伦贝尔草原国家公园和大兴安岭森林国家公园代表了中国最具有原真性和完整性的草原生态系统、森林生态系统与湖泊湿地生态系统。

有助于使内蒙古自治区更好更优地发挥中国北方生态屏障作用。

（3）现实约束与管理体制改革的难度

① 环境污染严重的工矿企业位于国家公园范围内。呼伦贝尔地区存在一些已取得探矿权和采矿权的矿区和工业开发区，其所处位置位于生态红线或保护区范围以内，对于这类工矿企业的腾退和工矿用地的治理存在难度。

② 人口密集的建制镇存在于国家公园范围内。由于人口密集的建制镇、乡镇呈点状分布，对国家公园生态系统的保护造成负面影响。因此对于这一部分人口的衰减疏散与管理存在难度。

③ 现大兴安岭林区管理由当地林业局管辖，为国家直接行使国家公园事权带来难度。大兴安岭林区面积辽阔，管理体系复杂，存在保护与发展协调与管理的问题和矛盾。

④ 呼伦贝尔地区草场实行承包到户政策，但国家公园范围内的自然资源属于国有自然资源资产，由国家直接行使管理权。两者存在管理等方面的矛盾。

⑤ 呼伦贝尔社会经济发展呈“T 字轴”趋势，东西向涉及满洲里、海拉尔和牙克石地区，“T 字轴”涉及国家公园中牙克石市部分区域。同时，部分口岸、建制镇紧邻国家公园，存在一定管理压力。

⑥ 为保障独立方案中呼伦贝尔草原国家公园和大兴安岭森林国家公园内生态系统同时具有原真性和完整性，需要以其他自然保护地形式加强两个国家公园的联系，以保证必要的生态廊道。

5.3.4　整体方案：呼伦贝尔森林草原国家公园

（1）方案描述

内蒙古呼伦贝尔森林草原国家公园，总面积 83950.94km^2，计算人口 120904 人，其中农牧业人口 60215 人、林业职工 60689 人，人口密度为 1.44 人 /km^2。

呼伦贝尔森林草原国家公园范围包括三个部分，涉及牧业四旗的部分区域、满洲里小部分区域、北部大兴安岭林区的部分区域以及额尔古纳河部分流域。牧业四旗即新巴尔虎右旗、新巴尔虎左旗、陈巴尔虎旗、鄂温克族自治旗；北部大兴安岭林区涉及额尔古纳市和根河市，包括大兴安岭国有林管局 10 处，即北部原始林区森林管护局（永安山、乌玛、奇乾）、满归、莫尔道嘎、阿龙山、吉拉林、得耳布尔、金河、根河林管局及额尔古纳自然保护区和汉马自然保护区管理局。

该方案涉及牧业四旗和满洲里的范围与前述独立方案中“呼伦贝尔草原国家公园”的牧业四旗和满洲里范围一致，计算人口数也与之一致，在此不再赘述。

额尔古纳市总面积 29060.49km^2，其中划入国家公园范围内面积为 22071.68km^2，涉及计算人口 9932 人。基于生态系统的完整性、连贯性和国家公园的原真性，沿额尔古纳河将中国境内全部流域，以及整合现有的额尔古纳湿地公园，室韦自然保护区全部纳入国家公园范围内，同时，依据生态红线，为口岸和社会经济发展区留出点状集约式发展空间。

根河市总面积 19687.86km^2，其中划入国家公园范围内面积为 19266.58km^2，涉及计算人口 8742 人。将包括汉马国家级自然保护区、部分建制镇和全部生态红线范围纳入其中，以保持国家公园范围的统一性和完整性。

（2）价值载体的覆盖度

呼伦贝尔森林草原国家公园覆盖了中国境内最有代表性的最优草原生态系统、森林生态系统，湿地生态系统。保护了温带典型草原、世界欧亚温带草原最东端的呼伦贝尔草原，北极泰加林、东亚阔叶林与欧亚大陆草原相互交融的生态交错区，以及大范围大兴安岭林区。也使得中国更好地与蒙古和俄罗斯进行自然保护地联合保护，共同维护达乌尔国际湿地区域。

呼伦贝尔森林草原国家公园的北部原始林区区域覆盖了冻土区和额尔古纳河、嫩江两条河流的发源地，也覆盖了以寒温带针叶林区为代表的大兴安岭林区典型森林湿地。体现了生态系统的联通性和完整性。同时为野生动物提供了生境良好的生存空间和安全的迁徙廊道。

呼伦贝尔森林草原国家公园，代表了中国最具有原真性和完整性的草原生态系统、森林生态系统与湿地生态系统。同时，有助于内蒙古自治区更好更优地发挥中国北方生态屏障的作用。

（3）现实约束与管理体制改革的难度

① 呼伦贝尔市域内草原生态系统由环保部门负责管理，呼伦贝尔市域内的森林、湿地生态系统保护地大部分属于市属林业局和内蒙古大兴安岭重点国有林管理局施业区内。草原生态系统和森林生态系统目前由两个管理单位进行管制，应整合后统一管理，因此在体制机制改革上存在难度。

② 现林区管理由当地林业局管辖，为国家直接行使国家公园事权带来难度。

③ 对环境污染严重的工矿企业位于国家公园范围内。呼伦贝尔地区存在一些已取得探矿权和采矿权的矿区和工业开发区，其所处位置位于生态红线或保护区范围以内，对于这类工矿企业的腾退和工矿用地的治理存在难度。

④ 呼伦贝尔社会经济发展呈“T 字轴”趋势，“T 字轴”横轴部

分区域位于国家公园范围内。同时，部分口岸、建制镇紧邻国家公园，管理和协调工作存在难度。

⑤ 人口密集的建制镇存在于国家公园范围内。由于人口密集的建制镇、乡镇呈点状分布，对国家公园生态系统的保护造成负面影响。因此对于这一部分人口的衰减疏散与管理存在难度。

⑥ 呼伦贝尔地区草场实行承包到户政策，但国家公园范围内的自然资源属于国有自然资源资产，由国家直接行使管理权。两者存在管理等方面的矛盾。

5.4　分区规划

依据保护限制强度从高到低、资源利用方式从少到多，将呼伦贝尔国家公园划分为严格保护区、生态保育区、传统利用区和科教游憩区共 4 个一级分区。

严格保护区的主要功能是保护具有国家代表性的自然地理单元和生态系统完整性，保护大范围的生态演替过程和国家重点保护野生动植物生境，以及保护特殊自然遗迹的原真性。根据生态系统特征的不同，划分为河湖湿地保护区、原始森林保护区、荒野保护区共 3 个二级分区。

生态保育区的主要功能是对退化的自然生态系统进行恢复，维持国家重点保护野生动植物的生境，以及隔离或减缓外界对严格保护区的干扰。生态保育区划分为天然林管护区、草原生态恢复区、草原生态轮牧区、工矿业生态恢复区共 4 个二级分区。

传统利用区的主要功能是为当地牧民保留传统生活空间，同时包含了计划衰减的城镇居民集中居住区域。分区内的城乡建设用地应按照国家公园总体规划的要求进行严格管控。传统利用区划分为草原传统利用区和森林传统利用区共 2 个二级分区。

科教游憩区是自然景观资源较为集中、游憩设施条件较好的区域，承担着国家公园自然环境教育、生态文化展示、生态游憩体验等多重功能，规划面积，内有人口。按照空间形态划分，科教游憩区包含生态体验线路和生态体验区共 2 个二级分区。

5.4.1　规划原则

分区规划是以有效保护国家公园价值原真性和完整性为核心任务的

空间管控手段，并以一级分区明确空间管控目标，以二级分区落实管控措施。分区划定过程中，需要综合考虑并协调以下三类影响因素：

（1）与现有自然保护地管理政策的衔接

呼伦贝尔国家公园潜在范围内已设立了多处国家级自然保护地，包括国家级自然保护区、国家级风景名胜区、国家森林公园、国家湿地公园，以及若干处自治区级自然保护地等，需要充分考量这些保护地内管理设施、社区居民点、游憩体验点的空间分布和现状功能分区，保障核心区面积，做到核心区面积不减少。

（2）行政区、草场、林场边界的完整性

国家公园潜在范围地跨呼伦贝尔市下辖的6个旗市，涉及9个内蒙古森工林业局，而行政区边界始终在显性维度上影响着自然保护地的划定与管理，因此分区规划应充分统筹各级政区边界（建制镇和苏木），避免地缘政治因素成为分区管理政策实施的阻力。同时，也应考虑已经确权并承包到户的草场边界，以及国有林场边界的完整性，使空间管控措施精准落位。

（3）与土地利用现状的协调

国家公园潜在范围内包含多种类型的生态系统，在林草交错带区域密集的分布着农田和农村居民点，而北部林区的城镇用地则分散距离较远，与公路和铁路线位置紧密关联。因此，需要对各类生态系统制定有差异性的二级分区。

5.4.2 分区类型

依据保护限制强度从高到低、资源利用方式从少到多，将呼伦贝尔国家公园划分为严格保护区、生态保育区、传统利用区、科教游憩区共4个一级分区。

严格保护区的主要功能是保护具有国家代表性的自然地理单元和生态系统完整性，保护大范围的生态演替过程和国家重点保护野生动植物生境，以及保护特殊自然遗迹的原真性。规划面积32927.64km^2。该区域实行最严格的保护管理措施。分区以自然保护区的核心区和缓冲区范围为基线，衔接区域内重要湿地核心区域、国家森林公园的资源保护区边界，以及野生动物关键栖息地等。根据生态系统特征的不同，将严格保护区进一步划分为河湖湿地保护区、原始森林保护区、草原保护区、荒野保护区共4个二级分区。其中，河湖湿地保护区涵盖呼伦湖中心水面及上下游流域、辉河流域、额尔古纳河流域；原始森林保护区涵盖永安山、乌玛、奇乾等未经开发的国有林施业区；草原保护区覆盖呼伦湖国家级自然保护区、辉河国家级自然保护区的草原区域；荒野保护区内可以开展受管控的荒野体验活动，细分为草原荒野区（实施禁牧）和森林荒野区（指定线路）。

生态保育区的主要功能是对退化的自然生态系统进行恢复，维持国家重点保护野生动植物的生境，以及隔离或减缓外界对严格保护区的干扰。规划面积 91983.12km^2，内有人口 38021 人（计算人口）。该区域实行差异化的生态修复措施。分区以天然林保护工程施业区、中重度退化草场为主体，强化草原沙化治理和水土流失防治功能。在生态系统和生态过程评价的基础上，按照退化成因，将生态保育区划分为天然林管护区、草原生态恢复区、草原生态轮牧区、工矿业生态恢复区共 4 个二级分区。其中，天然林管护区涵盖北部严格保护区以外的全部林地；草原生态恢复区在一定有时限内实行精准禁牧，待草场恢复后再向生态轮牧或严格保护区转化；草原生态轮牧区以天然草场为主体，分区内鼓励牧民开展联合生产，并严格控制草畜平衡；工矿业生态恢复区是指国家公园内计划清退的工矿施业区，需要开展较高强度的人工修复措施。

传统利用区的主要功能是为当地牧民保留传统生活空间，同时包含了计划衰减的城镇居民集中居住区域。规划面积 1318.42km^2，内有计算人口 42849 人。分区内的城乡建设用地应按照国家公园总体规划的要求进行严格管控。按照人口聚居区域的空间分布，将传统利用区划分为草原传统利用区和森林传统利用区共 2 个二级分区。其中，草原传统利用区主要是点状分布的苏木和嘎查；森林传统利用区主要是内蒙古森工林业局局址所在地范围。

科教游憩区是自然景观资源较为集中、游憩设施条件较好的区域，承担着国家公园自然环境教育、生态文化展示、生态游憩体验等多重功能。规划面积 1318.42km^2，内有计算人口 1644 人。按照空间形态划分，科教游憩区包含生态体验线路和生态体验区共 2 个二级分区。

表 5-4、表 5-5 为分区类型汇总表，涉及人口数量为计算值。另，河湖湿地保护区的部分区域因在国境线上，统计面积按完整河流计算，部分超出国家公园边界范围。

独立方案分区类型汇总表　　**表 5-4**

一级分区	二级分区	分区面积（km^2）		二级分区涉及计算人口（人）
严格保护区	河湖湿地保护区	5003.62	32927.64	—
	原始森林保护区	9776.89		—
	草原保护区	4320.18		—
	荒野保护区	13826.95		—

续表

一级分区	二级分区	分区面积（km²）		二级分区涉及计算人口（人）
生态保育区	天然林管护区	66041.9	91983.12	13523
	草原生态恢复区	2024.17		1747
	草原生态轮牧区	23089.71		15715
	工矿业生态恢复区	108.48		7036
传统利用区	草原传统利用区	211.88	1318.42	27418
	森林传统利用区	485.94		15430
科教游憩区	生态体验线路	2454.4（km）	697.82	—
	生态体验区	1318.42		1644

整体方案分区类型汇总表 **表 5-5**

一级分区	二级分区	分区面积（km²）		二级分区涉及计算人口（人）
严格保护区	河湖湿地保护区	5003.62	32826.95	—
	原始森林保护区	9776.89		—
	草原保护区	4219.23		—
	荒野保护区	13826.95		—
生态保育区	天然林管护区	24208.44	50976.95	3645
	草原生态恢复区	2743.03		1747
	草原生态轮牧区	23909.51		15715
	工矿业生态恢复区	106.97		5482
传统利用区	草原传统利用区	211.88	582.06	27418
	森林传统利用区	370.18		3817
科教游憩区	生态体验线路	2086.07（km）	494.76	—
	生态体验区	494.76		1146

5.4.3 分区管理措施

各个分区内禁止任何影响自然生态系统完整性、原真性的资源利用活动，包括采矿、挖砂、狩猎、捕鱼等；严格控制和管理园区交通，减少人工设施建设总量；合理安排生态体验线路，降低游憩设施的生态影响。

（1）严格保护区

河湖湿地保护区：禁止在分区内开展生产活动和游憩体验活动，应对保护分区外围的污染源进行综合治理。

原始森林保护区：禁止除森林管护、边防、森防以外的任何单位和个人进入，从事科学研究活动的外来人员必须经过国家公园管理单位批准。禁止建设与森林管护、边境巡防、森林防火无关的建筑物和构筑物，道路交通应满足国家公园生态保护的实际需要。

草原保护区：禁止除草原管护以外的任何单位和个人进入，从事科学研究活动的外来人员必须经过国家公园管理单位批准。禁止建设与草原管护无关的建筑物和构筑物。

荒野保护区：访客需要预约进入，在国家公园聘用的生态管护员陪同下，在规定区域内 / 线路上开展体验活动，并严格遵守国家公园管理规定。保护分区内禁止外来机动车通行，不设立游憩服务设施。草原地区禁止放牧，并有计划的引入和恢复珍稀濒危野生动物；北部原始林地区禁止开展林下经济活动。

（2）生态保育区

天然林管护区：以北部国有林区为主，可以开展人工培育和适度的传统林下经济活动。外来人员进入林区从事科学研究、样本采集和教学实习活动，必须得到国家公园管理单位的批准。分区内允许建设用于森林管护和科研监测的建筑物、构筑物。

草原生态恢复区：对中重度退化的草场实行精准禁牧，主要依靠自然力进行生态恢复，待草场恢复后可以转为草原生态轮牧区，或纳入荒野保护区成为野生动物栖息地。

草原生态轮牧区：鼓励牧民开展联合生产，分阶段拆除草场内部围栏，并通过限牧补偿的方式降低单位面积载畜量，理想保护状态应达到 20 ～ 30 亩 / 羊。禁止非牧户承包草场；对于主动放弃牧业生产的牧民，应给予禁牧补偿并安排草原生态管护员岗位。动态监测草场退化、沙化程度，调整草原生态轮牧区和草原生态恢复区的范围。

工矿业生态恢复区：工矿业生态恢复区：由内蒙古自治区政府、呼伦贝尔市政府对国家公园范围内的工矿企业数量、经济体量、从业人员、资产结构等进行评估，并制定清退和生态恢复计划。按计划清退国家公园内的工矿企业，协议补偿其采矿权和生产经营投入。由工矿企业完成施业区回填、掩埋等工序，由国家公园管理单位开展生态修复工程。对于造成严重环境影响的工矿企业，应由自治区环境资源主管部门依法依规进行调查、追责。

（3）传统利用区

草原传统利用区：控制草原牧区永久性设施建设规模，投入专项资金改善牧区环境卫生基础设施条件，对于较为偏远的牧民聚居点，可以引入移动式生活垃圾无害化处理装置。在距离生态体验线路较近的嘎查，可由国家公园管理局授予牧户特许经营资格，为访客提供了解牧区文化、补给必要物资的场所。

森林传统利用区：原则上不再扩大林业局局址所在镇区的建设规模，可以为北部林区生态体验线路提供餐饮、住宿、医疗、交通转换、解说教育等服务。由国家公园管理单位制定林区人口疏解计划，分阶段撤销、合并部分局址，妥善、负责任地安排分流、退休林业职工。

（4）科教游憩区

生态体验线路：国家公园访客需要预约入园，同时可以申请自驾车进入园区。国家公园管理局应在重要交通转换节点处设置规范的门禁设施，并对外来过境机动车辆进行登记管理。当体验线路与严格保护区或生态保育区毗邻时，应在沿途生态体验线路范围内合理设置车辆停留点，设置警示标识禁止访客擅入严格保护区和生态保育区。

生态体验区：在符合生态环境承载力的前提下，适度开展自然观光、环境教育、游憩休闲、森林康养等活动，严禁开展与自然资源保护目标不一致的参观、游览项目。分区内可以设置必要的游步道和游览交通设施（如林区小火车），禁止大规模的开发建设（如旅游地产、养老地产等），游憩体验设施应尽量节地。在有条件的区域设置生态环境教育中心，宣传展示国家公园具有典型性和代表性的价值。加强对当地少数民族文化遗存的历史研究，保护传统聚落风貌，改造、新建民宅的色彩、高度、材质应与周边自然环境相协调。

5.5 专项战略

5.5.1 社区共管

妥善处理好国家公园区域与当地居民生产生活的关系，促进社区发展。国家公园经营性服务应鼓励周边社区提供相应服务，聘用生态、环卫、安全等管护人员要优先安排当地居民。特许经营项目在同等条件下优先考虑当地居民及其举办的企业。对国家公园区域内因保护而使用受限的集体土地、林地、草地等要建立合理的补偿机制。国家公园区域内的规划、保护、管理、运行等要积极吸收周边社区居民和社会公众参与，接受社会监督。鼓励社会组织和志愿等参与国家公园的保护和管理。

（1）牧民政策

在国家公园范围内：

① 只允许维持当地牧民生存和传统生活方式的放牧活动，整体减畜，严格控制牲畜总量。

② 应采取传统的游牧形式，拆除定牧围栏。在不改变已有草场承包权属的前提下，采用合作社的方式进行轮牧。

依据分区规划，生态恢复区（2743.03km^2）、草原保护区（4219.23km^2）、草原荒野区（9588km^2）实行禁牧措施；草原传统利用区（211.88km^2）、生态轮牧区（23909.51km^2）实行精准休牧，待生态环境恢复后，实施传统方式的休牧和轮牧。

③ 坚持科学放牧。由国家公园管理机构组织科研、监测调查等活动，并实施草原动态管理，运用科学技术手段指导家畜放牧和放牧管理的饲养方法，帮助牧民合理放牧，“五畜并举”。

④ 鼓励当地牧民从事国家公园生态保护及日常运营服务。鼓励牧民参与维持牧场稳定运营以及由国家公园管理机构提供的访客体验服务、环境教育、牧场管理、生态管护等岗位。国家公园管理机构提供技能培训支持。

⑤ 对国家公园范围内牧民提高生态补偿标准，按照目前的禁牧标准给予补偿。经初步计算，现状牧业四旗获得的补奖总资金约为 5.5 亿元 / 年，按目前禁牧标准（13.75 元 / 亩）对牧业四旗划入国家公园范围进行补偿，需 8.36 亿元。

依据2016年《内蒙古自治区草原生态政策实施方案（2016–2020年）》（表 5–6、表 5–7），确定呼伦贝尔市的草原生态保护补助奖励总面积及禁牧补助标准、草畜平衡奖励标准：① 呼伦贝尔市的草原生态补奖共涉及 10 个旗、市、区，补奖总面积为 10358 万亩，包含禁牧面积 1687 万亩和草畜平衡面积 8671 万亩；牧业四旗的补奖总面积为 9066.36 万亩，占全市补奖总面积的 87.5%，占牧业四旗可利用草原面积的 91.6%，其中禁牧面积 1468 万亩，草畜平衡面积 7598.36 万亩。② 按照自治区每年每标准亩 7.5 元的禁牧补助标准及 1.83 的利用标准亩系数进行测算，确定呼伦贝尔市禁牧补助标准为每年每亩 13.75 元；③ 按照自治区每年每标准亩 2.5 元的草畜平衡奖励标准及 1.83 的利用标准亩系数进行测算，确定呼伦贝尔市草畜平衡奖励标准为每年每亩 4.58 元。综合上述，计算可得呼伦贝尔市草原生态保护补助奖励资金情况：呼伦贝尔市的补奖总资金为 62941 万元，其中牧业四旗的补奖资金为 55013.16 万元，占补奖总资金的 87.4%。

经初步计算，现状牧业四旗获得的补奖总资金约为 5.5 亿元 / 年。按《内蒙古自治区草原生态政策实施方案（2016–2020 年）》所规定的每年每亩 13.75 元的禁牧标准对牧业四旗划入国家公园范围进行补偿，则约需 8.36 亿元 / 年。

内蒙古自治区草原生态保护补助奖励政策实施方案（2016-2020 年）摘录

表 5-6

名称	面积（万亩）	补偿额（万元）	占比	备注
草原生态补奖（共涉及 10 个旗市区）	10358	62941		禁牧面积 1687 万亩，草畜平衡面积 8671 万亩
牧业四旗	9066.36	55013.16	87.5%	占牧业四旗可利用草原面积的 91.6%，其中禁牧面积 1468 万亩，草畜平衡面积 7598.36 万亩
其他旗县	1291.64	7927.84	12.5%	—

国家公园牧业生态补奖数据计算 **表 5-7**

	禁牧补助标准为每年 13.7505 元 / 亩	草畜平衡奖励标准每年 4.5835 元 / 亩
方式一：牧业四旗面积 12217.8 万亩	168000 万元	—
方式二：国家公园在牧业四旗内面积 6080.4 万亩	83608.5412 万元	—
方式三：牧业四旗范围内非国家公园面积 6137.4 万亩	牧业四旗划入国家公园的国土面积以禁牧标准补助，其他区域以草畜平衡奖励标准补助 111739.3131 万元	

注：（1）方式一计算公式：牧业四旗面积（12217.8 万亩）× 禁牧补助标准（每年每亩 13.7505 元）；
（2）方式二计算公式：牧业四旗划入国家公园的国土面积（6080.4 万亩）× 禁牧补助标准（每年每亩 13.7505 元）；
（3）方式三计算公式：国家公园在牧业四旗内面积 6080.4 万亩 × 禁牧补助标准（每年每亩 13.7505 元）+牧业四旗未划入国家公园的国土面积 6137.4 万亩 × 草畜平衡奖励标准(每年每亩 4.5835 元)。

（2）林下经济

允许在严格保护生态系统原真性、完整性的前提下，适度开展与国家公园理念、品牌相符合的林下经济活动，严格控制其规模，并大力提升其利用水平和附加价值。

对国家公园范围内的林业职工及相关人员进行生态补偿。依据现行

《林业改革发展资金管理办法》、林业补贴标准主要为森林抚育补助，退耕还林补贴；依据现行《新一轮退耕还林还草总体方案》，林业补贴标准主要为森林生态效益补偿，国有的国家级公益林管护补助，林木良种培育、造林和森林抚育补贴。目前由中央政府投入的资金约为 49 亿元 / 年，实现近期内对国家公园林业补偿的支撑，未来可依据经济、社会发展情况对林业资金补充额度作进一步调整。

对于当地原住民，国家公园管理机构提供生态管护岗位，技能培训。鼓励当地牧民从事生态保护和生态体验服务等工作，提供生态管护岗位、技能培训。

（3）聚居点

国家公园范围内的苏木（镇）、林业局址作为衰减区，不鼓励人员迁入。

对于新建住宅、新建各类基础设施严格审批，国家公园管理部门具有前置审批权。

在社会经济因素对生态环境干扰较大的区域，加大农村畜禽养殖污染防治、工业园区污染综合防做好历史遗留工矿污染治理、加强农业面源污染全面整治、重点涉水工业治污的减排治理，与地下水的监测与管控等 控制污染治理措施，保护森林生态系统、草原生态系统和湿地生态系统。

利用现有的聚居点，提供适当的生态体验服务，让现在牧民认识生态意义，提升生态意识，培养服务于生态体验活动的技能。以改善当地牧民改善民生，控制量和标准。以保障国家公园工作的开展、当地林业职工的生活稳定，以及内蒙古自治区的社会稳定。

5.5.2 保护

国家公园管理单位应对园区生态系统状况、环境质量变化进行监测与评价，构建呼伦贝尔国家公园自然资源基础数据库及统计分析平台，充分保障本地牧民、林区职工和社会公众的知情权、监督权。国家公园创建成熟期，还应邀请第三方机构对国家公园建设和管理成效进行综合评估，动态调整管控措施。

（1）保护草原生态系统稳定性

保护草原生态系统稳定性，需要整体保护草原野生动植物的生存空间。应在严谨的科学论证下，从蒙古、俄罗斯境内引入野生黄羊和草原狼。同时，在国家公园内合理划定禁牧、限牧区作为野生黄羊的栖息地，并依据黄羊种群繁殖情况逐步将草原生态恢复区转化为草原荒野保护区。

（2）保护河湖湿地生态系统

保护呼伦湖湿地生态系统应着眼于流域生态环境质量，包括整个呼伦贝尔市域的河湖湿地以及上游水系的水质、水量，并包含周边汇水区域的地表环境和地下水开采强度。

目前，自治区政府、呼伦贝尔市政府已投入大量人力和财力治理呼伦湖水体，关停周边点源污染，控制外围面源污染。但呼伦湖的上游水源克鲁伦河和哈拉哈河仍存在保护空缺，保护区管理局需要与新巴尔虎右旗、阿尔山市建立流域环境治理合作，消除上游水质监测盲区。另外，黑龙江流域的上游关键水系额尔古纳河同样存在生态风险，需要对额尔古纳河流域进行整体保护，并对重要支流的源头和交汇处实施重点保护。

（3）保护森林生态系统

保护森林生态系统，应关注物种多样性和林区湿地资源的内在关联，投入专项资金对国家重点保护野生动物的生境分布和迁徙廊道进行野外调查。科学识别生物多样性热点区域，建立保护监测网络，与邻近省份和国家共享监测成果。监测北部原始林区冻土层的厚度变化，以及寒温带针叶林的退化情况，积极应对全球气候变暖问题。

（4）关停、清退采矿点

划入国家公园范围的采矿点应有序关停、退出，按照国家有关标准对拥有探矿权和开采权的企业或集体进行资金补偿，对受到破坏的地表和水体进行人工生态修复。内蒙古自治区政府应尽早冻结国家公家公园潜在区域的矿业生产活动，避免相关企业突击式开采，落实主体功能区和生态红线管控要求。内蒙古自治区政府及呼伦贝尔市政府应对划入国家公园范围的采矿点进行补偿资金测算、生态修复资金测算，并制定合理的补偿方案、生态修复方案。

（5）严格管控人工设施建设

国家公园内的人工设施建设，应当以保护监测设施和环卫基础设施为主，适当补充新建访客管理设施。充分改造利用现有服务设施，严格控制新建游憩设施规模，保持国家公园自然风貌；科学论证现有交通设施容量，尽可能减少道路修建，限制人类活动区域。对于必要的人工设施建设，应坚持节地原则，以满足使用功能为出发点，充分协调周边景观风貌并适当加入地域特色。

（6）建立呼伦贝尔国家公园规划体系

构建科学、严谨的呼伦贝尔国家公园规划体系，确保国家公园的建设有法可依、有规可循、有据可查。创建呼伦贝尔国家公园获得国务院国家公园主管部门批复后，应尽早组织对呼伦贝尔国家公园系统性价值和价值载体的深入研究，尽快组织编制国家公园总体规划，科学制定保护管理目标。在总体规划的编制过程中，应同步启动生态资源保护、生态环境监测、生态体验与环境教育等专项规划的编制准备工作，并将科研监测工作作为各类规划决策的支撑依据，以便细化、落实总体规划要求。通过同步展开总体规划、专项规划的研究和编制工作，实现总体规划与专项规划的反馈和良性互动机制，实现更为科学、严谨的呼伦贝尔国家公园规划体系的构建。

5.5.3　访客体验

开展呼伦贝尔国家公园内的访客体验活动的目的不是产生经济效益，而是开展自然环境教育，为公众提供亲近自然、体验自然、了解自然以及作为国民福利的游憩机会，坚持全民共享和全民公益性的原则，体现国家公园自然保护、科研、教育、游憩等综合功能。

呼伦贝尔国家公园访客体验规划以国家公园价值为核心，策划生态体验项目，分析生态体验项目对环境造成的影响。总的来说，生态体验规划应当遵循以下七条原则：保护优先与合理利用原则、科学保护与管理原则、访客体验最佳化和影响最小化原则、统筹社区发展原则、可操作性原则、空间措施和管理措施相结合原则、以监测为基础的适应性管理和渐进式改变原则（图 5-4）。

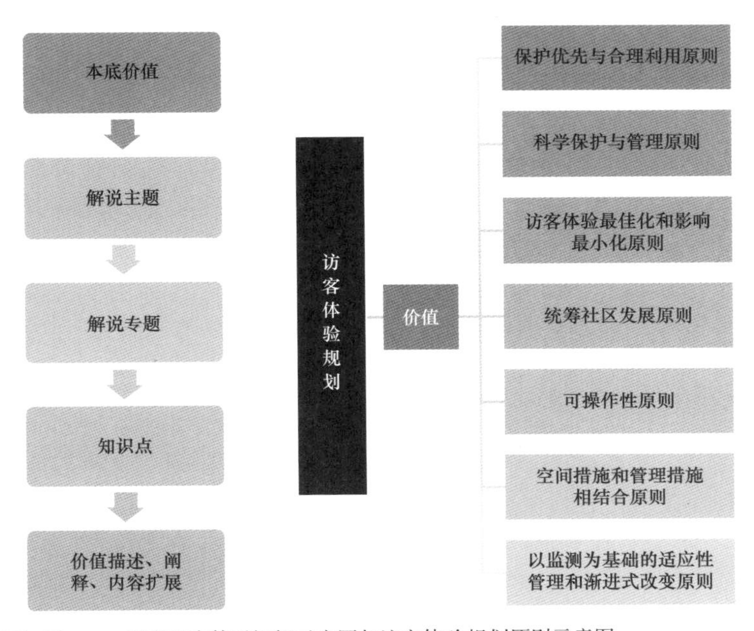

■　图 5-4　环境教育体系框架示意图与访客体验规划原则示意图

国家公园的游线结构依托现有道路、村落聚居点等设施进行设置，减小基础设施建设量，以降低生态影响。生态体验路线位于科教游憩区内，另有一小部分非永久性道路位于荒野保护区内，对小部分访客预约开放，严格限制每日访客进入量，开展受管控的荒野体验活动。

国家公园内以特许经营的方式提供访客体验机会，对现有旅游经营活动应逐一规范。限制呼伦贝尔国家公园内的访客体验活动规模。

鼓励国家公园范围外周边地区与国家公园协同规划，提供适宜的游憩体验机会，规范管理，为周边社区的发展谋得利益。

在国家公园内系统开展环境教育。呼伦贝尔国家公园的环境教育应当面向全体民众，是全民公益性的体现。环境教育以呼伦贝尔地区的本底价值为框架，生成解说专题类型，主题下细分专题和知识点，进行各项价值的描述、阐释及内容扩展。各项生态体验项目的环境教育内容需结合解说专题、解说知识点表与项目解说深度进行设计。呼伦贝尔国家公园应努力成为面向全国民众的自然环境教育窗口，引导公众走进自然、理解自然、感悟人与自然的关系、树立正确的环境观、掌握保护自然环境的基本方法。

积极开展与体验项目相关的专项监测。构建以价值为基础的监测指标体系，基于“可接受的改变极限”（Limits of Acceptable Change，LAC）理论，研究设置合理的监测口径、指标，积累数据，进行专题分析，建立监测与访客管理的反馈机制（图 5-5）。

国家公园访客体验规划应当吸纳包括特许经营方、周边保护地管理机构、NGO 与志愿者、大学与科研机构、中小学校以及其他个人、媒体等多方力量，共同参与生态体验、环境教育、科学监测等活动中，尤其是要考虑当地牧民、居民的利益，协同社区与国家公园共同发展（图 5-6）。

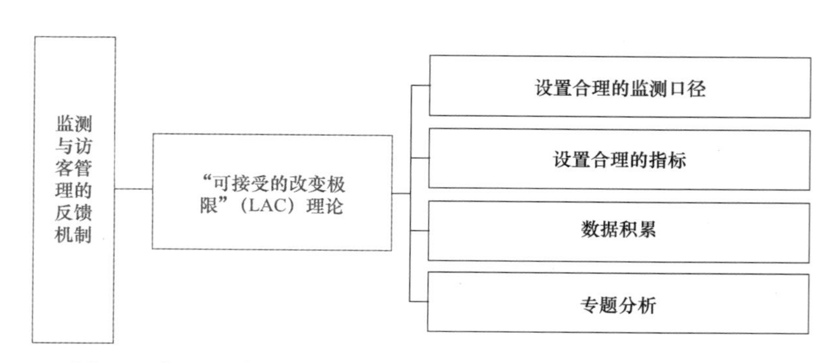

■ 图 5-5　专项监测体系示意图

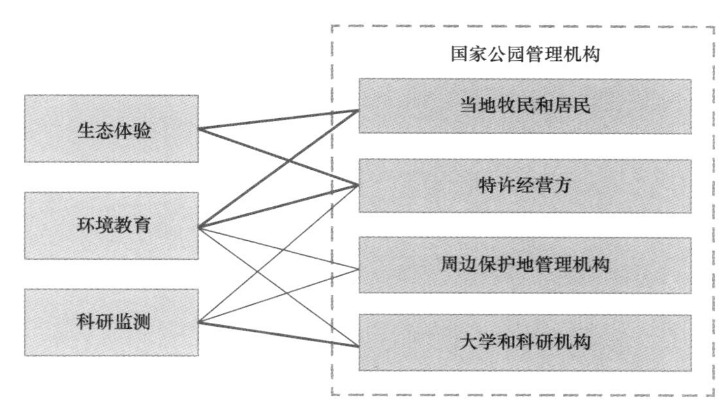

■ 图 5-6　利益共同体示意图

5.5.4　体制机制

（1）建立统一管理机构

撤销呼伦贝尔国家公园范围内其他类型的自然保护地，整合相关管理职能，建立统一的保护管理机构统一行使呼伦贝尔国家公园管理职责（图 5-7、图 5-8）。国家公园创建期，可由中央政府委托内蒙古自治区政府代为管理，条件成熟时，逐步过渡到中央政府和内蒙古自治区政府共同管理。

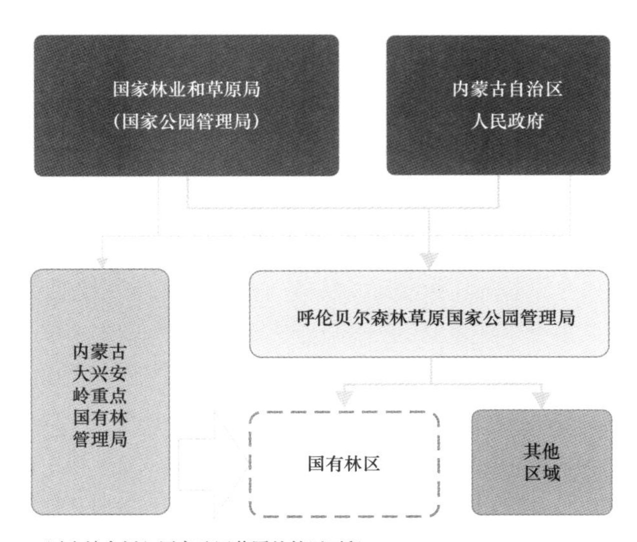

■ 图 5-7　国家公园整体方案的管理机构设置构想

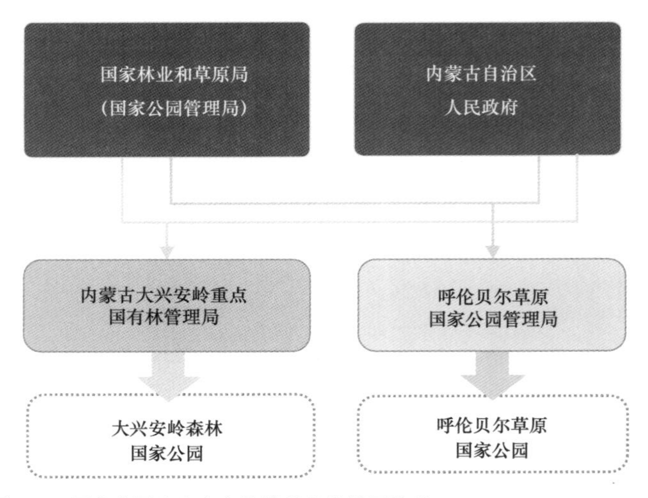

■ 图 5-8 国家公园独立方案的管理机构设置构想

（2）分级行使所有权

呼伦贝尔国家公园内全民所有自然资源资产所有权应由中央政府和内蒙古自治区政府分级行使，其中，北部国有林区（林管局管辖）的全民所有自然资源资产所有权建议由中央政府直接行使，并出资保障支出；其他的建议委托内蒙古自治区政府代理行使，中央和内蒙古自治区政府根据事权划分分别出资保障国家公园支出。条件成熟时，逐步扩大北部林区划入呼伦贝尔国家公园的范围，内蒙古自治区大兴安岭重点国有林管理局的管理职能和人员编制分阶段划入呼伦贝尔国家公园管理局。绰源、绰儿、阿尔山林业局可作为呼伦贝尔国家公园管理局的下属机构进行统一管理，或按照地市行政边界进行合并，划归地方政府管理。

（3）实施差别化人员安置措施

呼伦贝尔国家公园体制创建过程中，应避免“一刀切”式人员安置政策。对于现有自然保护地管理人员和北部林区职工，应充分尊重其就业意愿，安排岗位流动空间，制定分流补偿政策。在过渡期内，按照《国有林区改革指导意见》（中发［2015］6号）要求充分保障分流职工的待遇，鼓励职工再就业或提前退休。国家公园管理局的技术和科研岗位应采取竞争上岗方式，并提供高于地方标准的薪资待遇（建议参照国家公务员标准），在吸纳外来高水平人才的同时，也鼓励职员进行内部轮岗交流。对于划入国家公园范围的北部林区，应分阶段撤并局址，集中安排国家公园管护人员居住；制定人口向南疏解计划，由中央政府统筹专项资金进行人员安置。

在呼伦贝尔国家公园体制的创建过程中，应有计划、分阶段地统筹推进林区职工分流安置工作。根据大兴安岭重点国有林管理局提供的全民职工年龄统计数据（不含混合岗和大集体职工），职工平均年龄为45.7岁，其中45岁以上的职工人数占比约62%（图5-9）。未来10至15年间将有2.7万名职工陆续达到退休年龄，若计入提前退休人员则这一数字将进一步扩大。因此，有计划、分阶段地统筹推进林区职工分流安置工作，将有助于妥善解决北部国有林区人口的生活和就业问题。同时，对于继续留岗的青年职工，应为其提供技能培训的机会，帮助他们尽快适应国家公园建设体系。

国家公园创建成熟期，国家公园管理局的技术和科研岗位应采取竞争上岗方式，并提供高于地方标准的薪资待遇（建议参照国家公务员标准），在吸纳外来高水平人才的同时，也鼓励职员进行内部轮岗交流。

内蒙古大兴安岭重点国有林管理局全民职工年龄结构统计表　　表 5-8

统计截止日期 2017 年 12 月 31 日

总人数	年龄结构							
	30 岁以下	31 ～ 35 岁	36 ～ 40 岁	41 ～ 45 岁	46 ～ 50 岁	51 ～ 54 岁	55 ～ 60 岁	平均年龄
43897	2882	2152	3414	8372	14430	9775	2872	45.7
占比	6.6%	4.9%	7.8%	19.1%	32.9%	22.3%	6.5%	

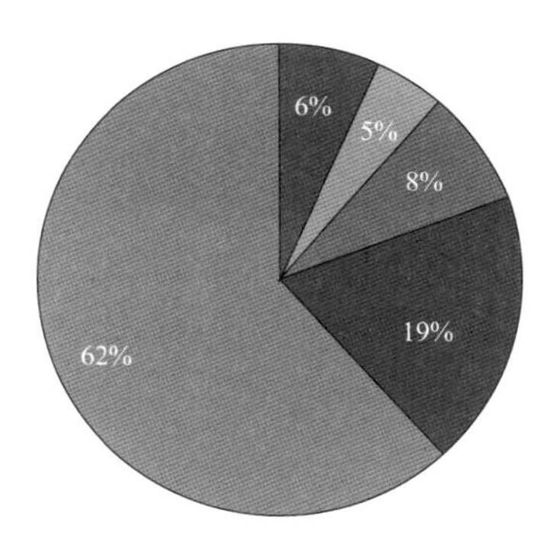

图 5-9　内蒙古大兴安岭重点国有林管理局全民职工年龄结构统计

（4）统筹安排游憩体验机会

由呼伦贝尔国家公园管理局统一规划园区游憩体验线路，营造亲近自然的体验氛围，为访客提供自然教育机会。应暂停划入国家公园范围内的现有旅游景区、旅游项目及服务设施（如森林公园、A级旅游景区等）的提档升级和建设工作，并对其进行综合评估，与国家公园创建目标相一致的可划入科教游憩区，充分转化、利用已有设施，严格控制新增人工设施建设。

（5）完善多方参与机制

引导本地社区、社会公众、专家学者、非政府组织、企业参与国家公园的设立、建设、运行、管理和监督等各个环节，为关注呼伦贝尔国家公园发展的人群建立交流平台，进一步凝聚保护共识（图5-10）。同时，依托国内高校、科研院所资源，将呼伦贝尔国家公园建设成为自然保护地专业人才教育和实践基地，为内蒙古自治区生态保护事业培养并储备人才。

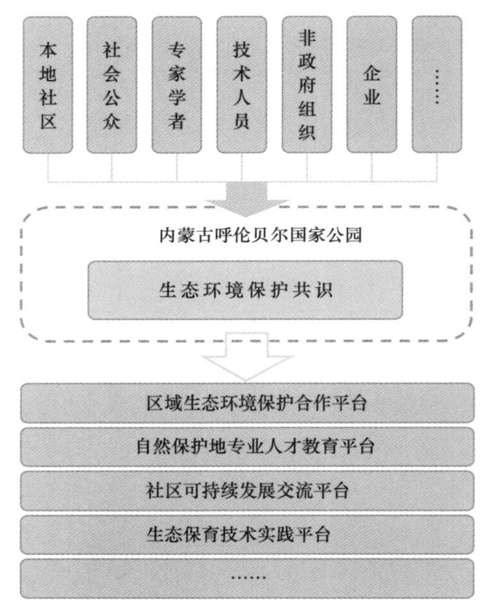

■ 图5-10 呼伦贝尔国家公园多方参与平台示意

5.5.4.6 建立特许经营机制

鼓励本地牧民和林区职工参与国家公园内特许经营项目，应在生态保护、自然教育、游憩服务等领域设置公益岗位、创造就业机会。对于国家公园范围内已经授权且合法合规的特许经营活动，应接受呼伦贝尔国家公园管理局的监督管理，管理局可采用整体赎买、协议补偿、重新授权等方式，确保国家公园公益性的实现。

附录1 自然保护地分布图

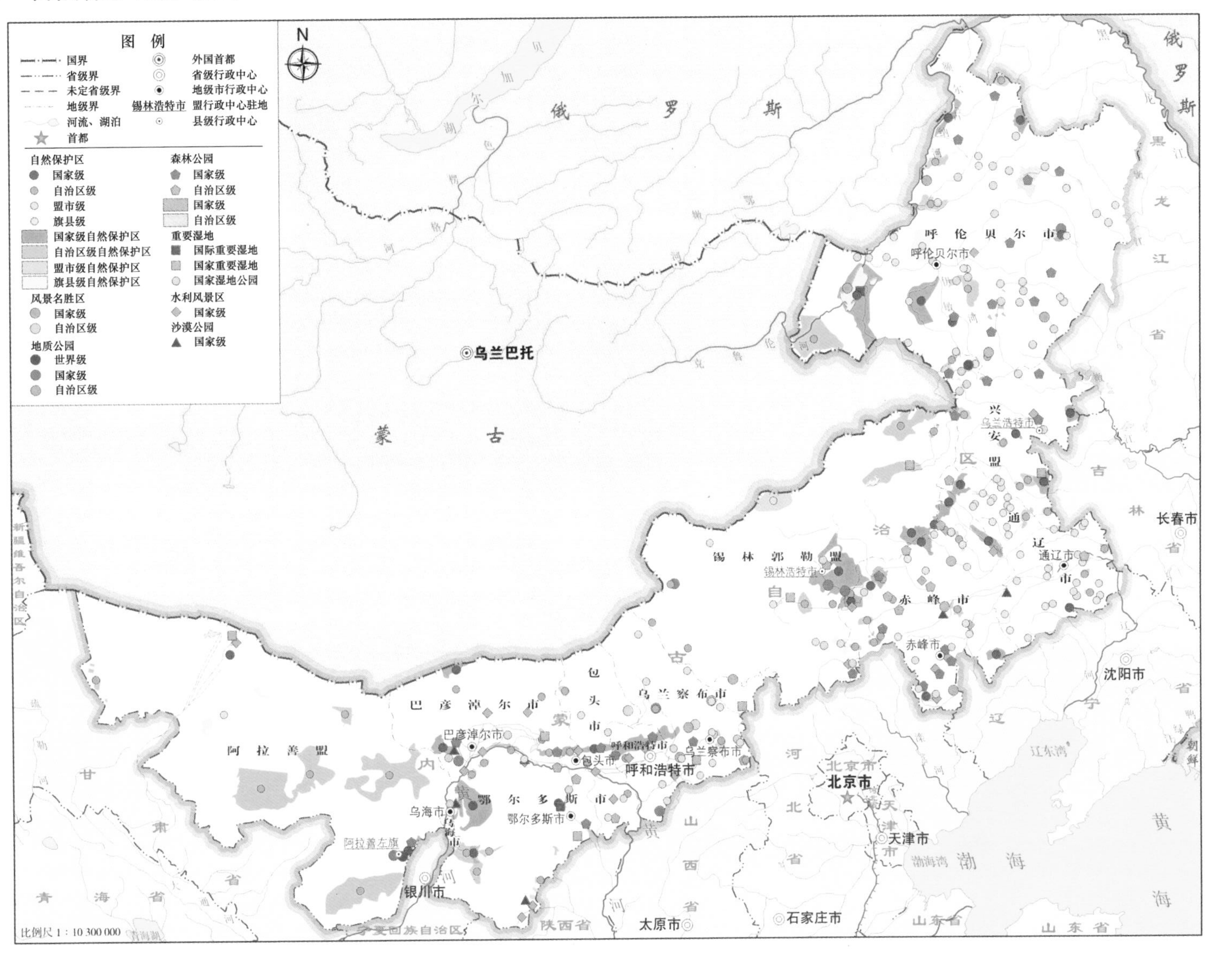

附录 2　自然保护地体系重构

图　例

- 国界
- 省级界
- 未定省级界
- 地级界
- 河流、湖泊
- 首都
- 外国首都
- 省级行政中心
- 地级市行政中心
- 锡林浩特市　盟行政中心驻地
- 县级行政中心

拟建国家公园
- 国家公园

自然保护区
- 国家级
- 自治区级
- 盟市级
- 旗县级

风景区
- 风景名胜区
- 地质类
- 森林类
- 湿地类
- 沙漠类
- 水资源类

生态自然恢复区
- 草原景观保育区

比例尺 1：10 300 000

附录 3　问题 – 战略 – 行动对应关系分析

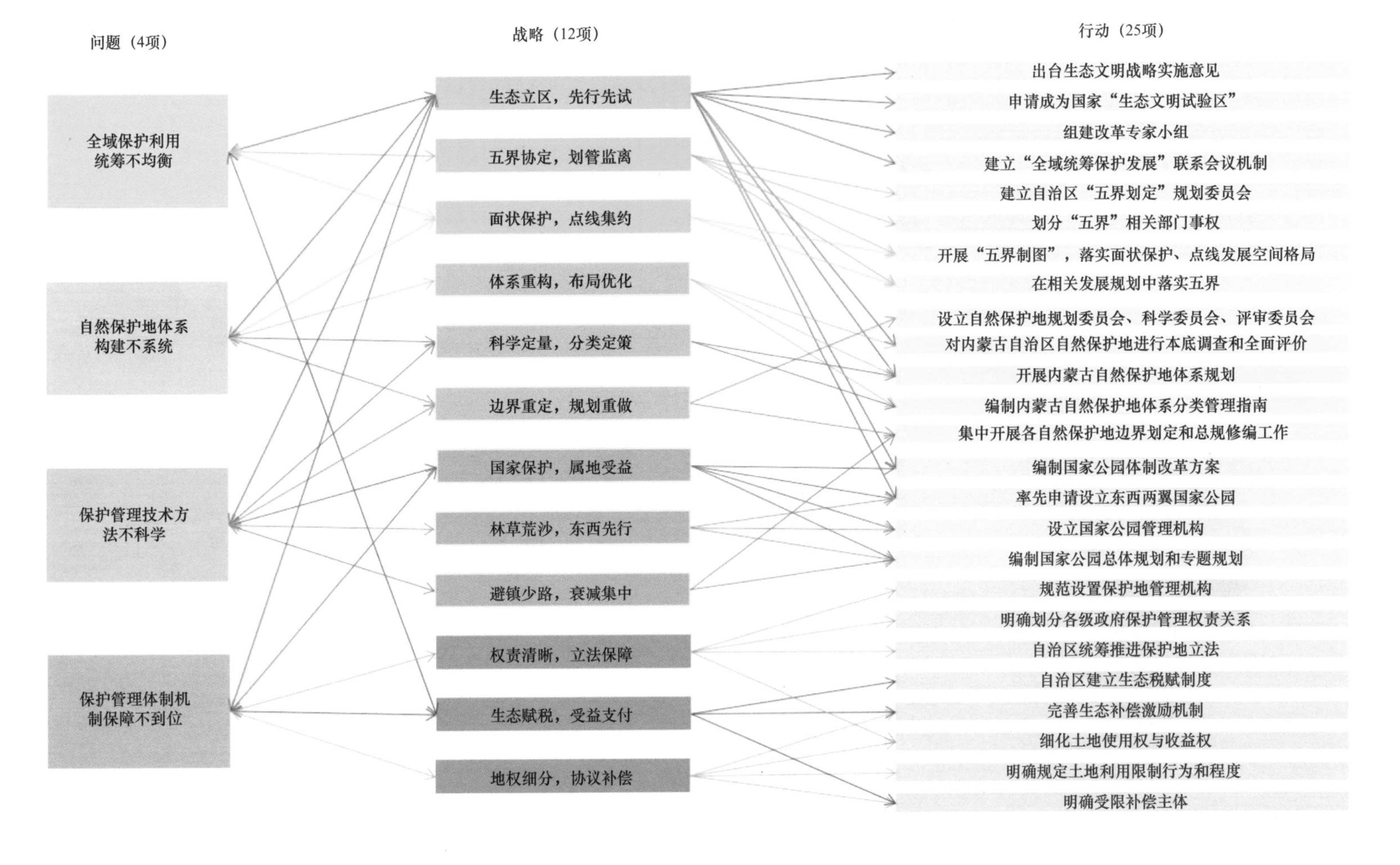

附录 4　独立方案国家公园分区规划

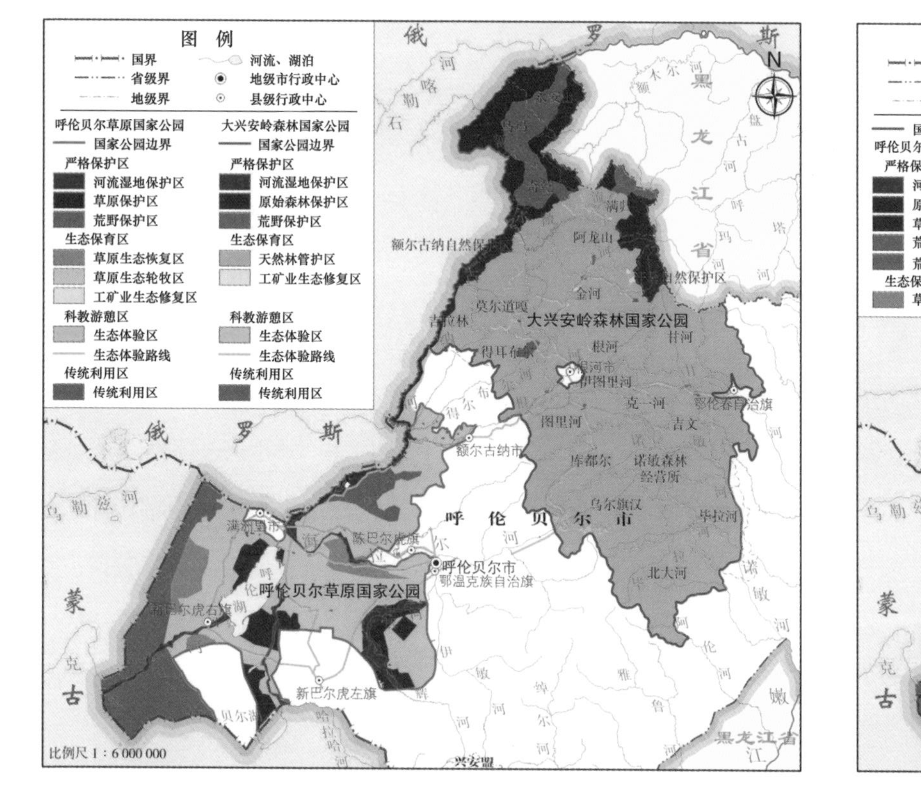

附录 5　整体方案国家公园分区规划

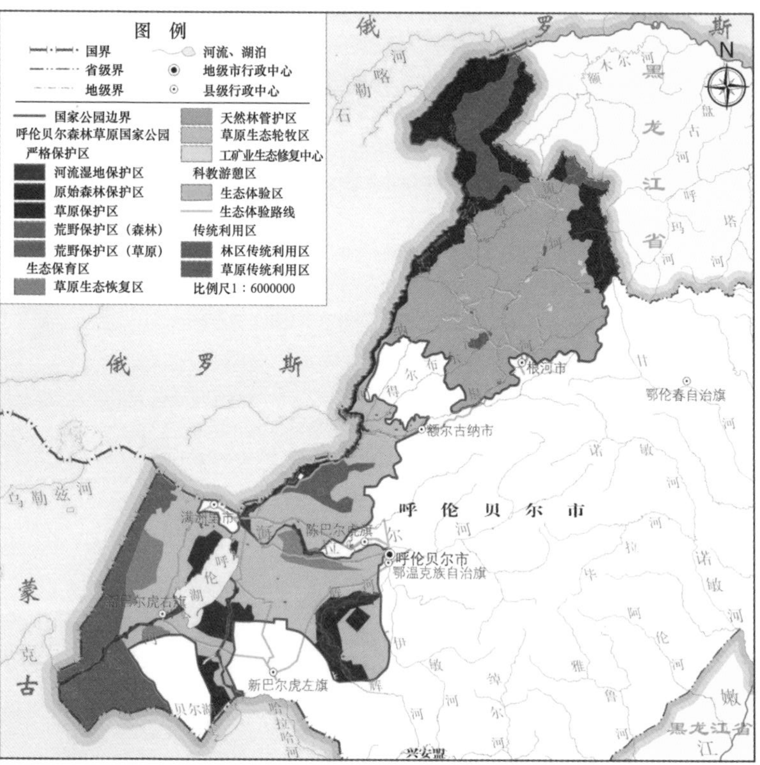